电力技术监督
体系、管理与实施

中国电力技术市场协会
电力行业技术监督协作网　组编
国家电力投资集团有限公司

中国电力出版社
CHINA ELECTRIC POWER PRESS

内 容 提 要

本书根据近年来国家和行业有关部门颁发的现行电力技术监督管理相关标准、制度和规定，系统介绍了电力技术监督的概念、目的、依据、体系要求、监督项目、管理内容等方面知识，分绝缘、化学、金属、电测、热工、环保、继电保护、汽轮机、锅炉、电能质量、节能、励磁、燃气轮机、风轮机、光伏组件及逆变器等主要专业对技术监督工作进行阐述。本书主要包括电力技术监督基础知识、技术监督体系建设、技术监督工作实施、电力专业监督与设备设施监督、电网企业技术监督管理、技术监督培训管理、技术监督档案管理、技术监督检查与评价、技术监督管理创新与信息平台建设九章，系统性规范技术监督工作，解决了电力企业技术人员在技术监督工作中的困惑，为实现电力设备长周期安全、稳定、环保、经济运行提供指导。

本书结合电力技术监督的基本程序和现场技术管理经验编写而成，力求简明、扼要，切合实际，并可据以操作，可作为从事电力工作的技术人员和管理人员的工作参考书，也可作为电力技术监督培训用书。

图书在版编目（CIP）数据

电力技术监督：体系、管理与实施 / 中国电力技术市场协会，电力行业技术监督协作网，国家电力投资集团有限公司组编. —北京：中国电力出版社，2022.7（2023.5 重印）
ISBN 978-7-5198-6707-2

Ⅰ. ①电… Ⅱ. ①中…②电…③国… Ⅲ. ①电力工程–技术监督 Ⅳ. ①TM7

中国版本图书馆 CIP 数据核字（2022）第 065242 号

出版发行：中国电力出版社
地　　址：北京市东城区北京站西街 19 号（邮政编码 100005）
网　　址：http://www.cepp.sgcc.com.cn
责任编辑：赵鸣志　董艳荣
责任校对：黄　蓓　郝军燕
装帧设计：赵丽媛
责任印制：吴　迪
印　　刷：三河市万龙印装有限公司
版　　次：2022 年 7 月第一版
印　　次：2023 年 5 月北京第二次印刷
开　　本：787 毫米×1092 毫米　16 开本
印　　张：12.75
字　　数：382 千字
印　　数：1001—2000 册
定　　价：68.00 元

《电力技术监督：体系、管理与实施》
编 写 委 员 会

前　言

电力工业是国民经济重要的基础产业,电力工业的安全稳定生产直接关系到国民经济的发展和人民生活的安定。"安全第一、预防为主、综合治理"是电力工业生产和建设的基本方针。技术监督是保证电力设备安全生产、稳定运行的重要技术手段,是电力企业生产过程中的重要组成部分。在国家双碳目标政策背景下,电力技术水平不断提高,电力技术监督工作的范围、内容和要求日趋精细,电力企业对技术监督管理提出了更高、更严格的要求。

为了适应新时期电力行业发展趋势,不断完善电力企业技术监督管理体系,注重培养提高企业技术监督管理人员的综合素质,强化电力生产技术和管理人员掌握技术监督基本概念、规定和要求,增强现场实施的能力,中国电力技术市场协会组织电网企业、发电企业等成立编写委员会,根据近年来国家、行业和各电力集团公司颁发的现行电力技术监督管理方面的标准、制度和规定,结合电力技术监督的基本程序和现场技术管理经验,编写了《电力技术监督:体系、管理与实施》。

本书内容包括技术监督的基本概念;技术监督组织机构的要求;技术监督日常管理的主要工作;全过程技术监督的概念和重点关注内容;不同业态的技术监督专业划分,各专业监督的工作范围和重点工作内容;技术监督人员培训的要求;监督档案的主要内容、各专业档案的具体清单;技术监督检查评价的开展方式、重点内容以及整改闭环的要求;技术监督管理信息平台的设计思路、实践介绍。本书对涉及电力技术监督体系、管理与实施的内容进行系统性介绍,从科学、严谨的技术监督管理体系建设到专业技术工作的具体实施均有涵盖,既兼顾了电力行业技术监督工作的良好实践,又提出了新形势下技术监督工作创新模式,具有较强的实用性和可操作性,可作为从事电力工作的技术人员和管理人员的工作参考书,也可作为电力技术监督培训用书。

本书在编写过程中,得到了国家电投中电华创电力技术研究有限公司、国家电网中国电力科学研究院有限公司等单位的支持与帮助,在此一并致谢。由于编者水平所限,时间仓促,不妥之处在所难免,敬请读者批评指正。

编　者
2022 年 3 月

目　录

第一章

电力技术监督基础知识

本章要点

1. 技术监督基本概念与发展过程。
2. 技术监督与安全生产的关系、主要作用与意义。

第一节 技术监督概述

一、技术监督的概念

电力技术监督是电力生产技术管理的一项重要组成部分。它依据科学的标准，采用先进的测量手段及管理方法，在发供电设备全过程的质量管理中，对涉及设备健康水平以及与安全、稳定、经济运行有重要作用的参数和指标进行监督、检查和调整，以确保发供电设备良好的运行状态。

电力技术监督的主要任务是认真贯彻执行国家和电力行业的各项标准规程、规章制度及反事故措施，掌握电力设备的运行情况与变化规律，及时发现和消除设备缺陷，分析事故原因，制定反事故措施，不断提高电力设备运行的安全可靠性。

电力技术监督应以安全和质量为中心，对与电力设备设施和系统安全、质量、环保、经济运行有关的重要参数、性能指标开展检测和评价。通过定期、定项目检测电力设备重要参数和性能指标，对在基建、安装、调试、运行和检修过程中出现的设备缺陷，根据其危害损伤程度实施跟踪、处理和更换等技术监控，达到减少和预防事故发生的目的。

二、技术监督发展过程

我国电力技术监督管理工作开始于 20 世纪 50 年代初，源于苏联。在开展的初期主要是对水、汽、油品质的化学监督及计量监督。20 世纪 50 年代后期，随着高温、高压机组的发展又增加了金属监督。

1963 年，水利电力部明确将电力技术监督作为电力生产技术管理的一项具体管理内容，规定为四项监督，即化学监督（水、汽品质监督和油务监督），绝缘监督（电气设备绝缘检查），仪表监督（热工仪表及自动装置检查），金属监督（主要是高温、高压管道与部件的金属检验）。这四项都是预防性检查，是为加强生产检修管理工作而提出的，主要目的是为了扭转技术管理混乱和设备检查监督不力的局面。这四项监督至今一直受到各级电力管理部门和基层生产单位的重视。

随着电力事业的不断发展和电力技术水平的日益提高，对电力技术监督的范围、内容和工作要求也越来越多、越来越高。1996 年 7 月，电力部颁发《电力工业技术监督工作规定》，将电力技术监督的范围扩大为电能质量、金属、化学、绝缘、热工、电测、环保、继电保护、节能 9 个专业，要求在工程设计、设备选型、监造、安装、调试、试生产及运行、检修、停（备）用、技术改造等阶段实施全过程技术监督。部分省级电力技术监督部门又陆续增设了励磁、锅炉和汽轮机技术监督项目，形成了比较规范的 12 项技术监督。2003 年 4 月，国家电网公司下发《关于加强电力生产技术监督工作的意见》，提出技术监督"要根据技术发展和电网运行特性不断扩充、延伸和界定"，为技术监督的发展奠定了基础。

2007 年 7 月，发布 DL/T 1051—2007《电力技术监督导则》，从电力主管部门及行业协会、电网企业、发电企业三方面规定了技术监督的主要项目内容。其中电网企业包括电能质量、绝缘、电测、继电保护及安全自动装置、节能、环保、化学和热工监督 8 项监督内容；发电企业包括绝缘、电测、继电保护及安全自动装置、励磁、节能、环保、金属、化学、热工、电能质量、水工和汽（水）轮机监督 12 项监督内容。

DL/T 1051—2019《电力技术监督导则》规定，技术监督项目分为专业监督和设备设施监督两类。其中专业监督 11 项，包括电能质量、绝缘、电测、继电保护、调度自动化、励磁、金属、化学、热工、节能和环保监督。设备设施监督 6 项，包括电气设备性能、汽（水）轮机、锅炉、燃气轮机、风轮机和建（构）筑物监督。电力企业可根据自身实际情况，开展相应监督工作，并确定内容和范围。

现阶段的电力技术监督工作依据科学的标准，利用先进的测量手段及管理方法，结合互联网、大数据、智能化等现代化科技手段，工作成效大幅提升。同时，技术监督管理工作采用了标准化管理，由要我监督变为我要监督，由以往的被动执行，过渡到行之有效的自觉行为。技术监督工作逐步成为国内电力系统安全生产保障体系的重要环节。

第二节 技术监督主要内容

一、基本原则

（一）技术监督管理的目的

通过建立高效、通畅、快速反应的技术监督管理体系，确保国家和地方有关法律、法规的贯彻实施，确保电力行业和各电力集团规程规范的贯彻实施。通过采用有效的监测和管理手段，对电力设备的有关参数、性能、指标进行监测与控制，提高电力设备的安全、环保、经济运行水平。

（二）技术监督理念

贯彻"安全第一、预防为主、综合治理"的方针，按照"依法监督、分级管理、超前控制、闭环管理"的原则，建立以安全、质量为中心，以相关的法律法规、标准、规程为依据，以计量、检验、试验、监测为手段的技术监督管理体系，对电力规划、建设和生产实施全过程、全方位技术监督管理。

二、技术监督主要内容

（一）技术监督工作范围

随着电力工业的不断发展和电力技术水平的日益提高。各企业应根据实际情况，确定技术监督工作的具体内容，并可以补充本企业的特殊专业需求。

1. 电网企业的监督范围

电网企业的监督范围为电能质量、电气设备性能、电测、热工、金属、化学、节能与环保、保护与控制以及自动化、信息与电力通信等。

2. 火力发电的监督范围

火力发电的监督范围为电能质量监督、绝缘监督、电测监督、继电保护监督、励磁监督、金属监督、化学监督、热工监督、节能监督、环保监督、汽轮机监督、锅炉监督、建筑物监督、供热监督等。

3. 水力发电的监督范围

水力发电的监督范围为电能质量监督、绝缘监督、电测监督、继电保护监督、励磁监督、金属监督、化学监督、监控自动化监督、水轮机监督、建筑物监督等。

4. 风力发电的监督范围

风力发电的监督范围为电能质量监督、绝缘监督、电测监督、继电保护监督、金属监督、化学监督、监控自动化监督、风轮机监督、建筑物监督等。

5. 光伏发电的监督范围

光伏发电的监督范围为电能质量监督、绝缘监督、电测监督、继电保护监督、监控自动化、光伏组件等。

（二）技术监督全过程

1992 年 6 月，原能源部在扬州市召开全国电力生产工作会议，在《关于加强技术监督若干意见》文件中，提出实行全过程技术监督的要求。由于工程设计欠妥、设备选型不当、制造质量欠佳或施工、安装、调试要求不严等行为，工程投产后往往存在一系列的遗留问题，需要经过相当长时间的完善，才能使设备真正达到生产的标准，有的甚至还会造成长期无法弥补的缺陷。因此，从安全生产的观点出发，必须实行从工程设计、设备选型、监造、安装、调试、试生产及运行、检修、停（备）用、技术改造等电力建设与电力生产全过程的技术监督。

第三节　技术监督目的和意义

一、技术监督与安全生产的关系

电力工业是国民经济重要的基础产业，电力工业的安全生产直接关系到国民经济的发展和人民生活的安定，"安全第一、预防为主、综合治理"是电力工业生产和建设的基本方针，是电力工业实现持续、快速、健康发展的基础，而技术监督正是贯彻这一根本方针的重要保证。

电力工业作为技术密集型行业，发电、供电、用电过程是同时完成的，电能在一般情况下很难储存，因此要保证连续、可靠地向广大社会用户供应电力，保证发供电设备健康、安全经济运行和计量的完整、准确，没有科学的管理，没有一套完整、可靠的技术监督手段，是不可能顺利完成的。

技术监督是通过技术手段对设备在设计、制造、安装、调试、运行等全过程的内部过程和微观变化进行监督，掌握设备、材料和介质状况的变化趋势，判断其安全程度，从而采取预防措施，防患于未然，因此，它是一项十分重要的安全性工作，必然成为企业安全保障体系中一项不可缺少的内容。

技术监督是预防性工作，通过技术监督手段发现和提出的问题是预见性的，而存在于设备内部的缺陷或隐患发展都有一个"潜伏期"，若放松警惕或思想麻痹，有时就会被人们所忽视，往往出于某些主客观原因而违反监督规程、条例、标准的规定，放松或降低某些监督控制指标的要求，其后果是很难想象的，这方面的惨痛教训非常深刻，要引以为戒。

二、技术监督主要作用

我国电力技术监督管理工作内容日益完善，并将长期发挥重要的作用和影响力。

第一，电力技术监督是促进发供电设备安全，保证经济运行的前提。通过技术监督管理，把各种电力操作行为，都置于规章制度的严格要求之下，尤其是设备的交接和预防性试验规程和标准。通过技术监督管理，将"安全第一"的理念渗透到每一项基础性工作。有了严格的技术标准和规程，才能保证设备良好运行，才能在实践中保证设备运行符合各项指标，才能有效减轻设备磨损，同时对资源实现最充分利用，节约成本。

第二，重组后电力企业、电网企业与发电企业各自担负其安全责任，协调难度加大，同时也加大了电网安全与稳定运行的风险。我们要促使电网企业和发电企业安全工作的正常衔接，保证电力设备良好的运行状况，确保电网安全稳定和电厂供需相当，加强电力技术监督是电力工作重中之重的关键环节。随着我国电力行业不同时期发展要求不断提高，要建立和完善技术监督管理体系适应电力体制改革，制定适合企业自身的监督标准，促进安全生产和经济效益双提升，是一项持续性创新研究的重要保障性工作。

三、技术监督重要意义

电力行业作为国民经济的基础产业，具有社会公用事业的性质。人民的日常生活和各行各业的生产都要依赖电力企业提供电力供给，供电一旦产生故障或者中断，各行各业的生产也会随之停顿，甚至瘫痪，随之而来的还有各种各样的衍生灾害，这些都会严重影响人民的日常生活，使社会进入混乱状态。由此可见，电力行业对社会、国家以及人民生命财产的重要性是不可忽视的。特别是电力企业重组后，做好电网企业和发电企业安全工作的衔接，保证设备良好的健康状况，确保电力系统安全稳定，更需要加强电力技术监督。

在构建新能源占比逐渐提高的新型电力系统战略背景下，火力发电的功能定位由长期以来的电量和电力的主力提供商向电力保障转变，由现在的支撑性作用转变为兜底保供和安全备用两方面的作用。另外，火电灵活性改造、深调峰对电力设备可靠性提出更高要求。因此必须加强火力发电设备质量、安全、能耗、环保性能的监督管理，提高发电设备技术监督的规范性、科学性，为国家战略和发展保驾护航。

第二章

技术监督体系建设

 本章要点

1. 技术监督体系组成的设置原则、组织机构和职责。
2. 技术监督标准制度管理原则和主要内容。
3. 技术监督体系运行要求和注意事项。

技术监督体系是指对技术监督工作进行组织、指挥、协调的一系列制度、机构和人员所组成的有机体系，它既是技术监督管理的形式表现，又反映了参与技术监督工作各方面之间的分工关系。技术监督体系一般包括组织机构体系、标准制度体系等部分，它们分别是技术监督工作顺利开展的组织保障、执行依据和监督手段。随着新能源占比逐渐提高的新型电力系统建设，传统电力行业技术监督体系将难以做到全面覆盖和科学高效，构建更加科学、更加高效、更加灵活的技术监督管理体系势在必行。

电力企业重组后，发电企业和电网企业分别承担各自的安全责任。电网企业较好地延续了技术监督组织体系，国家电网有限公司、各区域（省）电网公司、所属电网企业分工明确，职责清晰。发电企业因数量较多，管理模式有所差异，本章重点以发电集团为例对技术监督体系建设进行阐述。

第一节　组　织　机　构　体　系

技术监督按照国家法律法规和技术标准实施，应根据行业特点，建立由集团公司、二级单位、发电企业和技术监督服务单位所构成的组织机构。组织机构分纵向组织机构和横向组织机构，纵向组织机构由集团公司、二级单位和发电企业组成。横向组织机构设立在发电企业，包括厂级技术监督办公室、专业班组和专业技术人员。技术监督实施单位应成立内部的技术监督管理机构，用以协调本单位与发电企业的业务往来。

一、组织机构的设置原则

（一）依法监督、分级管理

技术监督工作主要有两大类，一类是带有政府属性的质量技术监督，另一类是带有企业行为的企业技术监督。质量技术监督工作以《计量法》《标准化法》《产品质量法》和地方法规为基础，以国家标准、行业标准、企业标准为手段，形成了一整套标准齐备、体系鲜明的技术监督法律法规体系。电力技术监督作为国家质量技术监督的一个重要分支，在保证我国电力系统安全、促进电力技术进步中发挥了重要作用。当前电力行业技术监督体系的建立，首先要严格执行国家关于电力技术监督的最新政策和法规，综合考虑电力行业规程制度、标准措施；其次应从电力系统转型的战略背景出发，统筹考虑建立具体的组织机构，并明确各级职责。

随着电力体制改革的深入，由属地省电力科学研究院作为主体服务单位的技术监督模式发生了根本性变化。各发电集团近年来陆续组建电力科学研究院，原来由省电力科学研究院承担的发电企业技术监督工作正在逐步由发电集团电力科学研究院负责。目前，我国主要电力集团公司技术监督体系采用双体系，首先，集团公司大多建立了由集团总部、二级单位和发电企业组成的三级技术监督管理体系，实行垂直管理。总部和二级单位是管理范围内的技术监督管理责任主体，发电企业是技术监督的实施主体。其次，在发电企业内部建立各专业监督体系，由厂级领导、生产技术管理部门和专业班组技术人员组成，以实现对生产过程和设备设施的技术监督。

（二）指令性与市场化相结合

技术监督实施单位应具有相应资质。目前我国主要发电集团都建立了相对统一的技术监督体系，由本集团电力科学研究院统一承担所属企业的技术监督工作。对于集团公司层面，一般委托所属电力科学研究院总院开展，对集团公司总体的技术监督工作开展情况进行监督检查，并提供技术监督管理和技术支持服务。此类工作更加侧重于管理，属于指令性任务分配。如国家能源集团委托所属国电电力科学研究院统一开展集团公司层面的技术监督日常管理工作。对于二级单位而言，一般选择集团公司下属的电力科研分院，按照属地化原则开展技术监督管理与服务工作。

部分自备电厂根据市场化原则，自主选择属地国网省级电力科学研究院的监督机构或者其他电力科研院所，委托其开展相应的技术监督工作。部分集团公司同时实行"市场保护，价格不保护"原则，对于系统内部能够提供技术监督服务的单位，在同等条件的市场行为下，优先选择集团内部单位。

（三）全过程、全方位

技术监督组织机构应贯彻"纵向全过程、横向全方位"的管理要求，技术监督工作要贯穿于发电设备全寿命周期管理，从设计审查开始，涵盖设备选型、招标采购、设备监造、安装调试、投产验收、运行检修、技术改造、停机备用和报废退出等所有环节。集团公司、二级单位、三级单位和技术监督实施单位在电力建设过程和生产运营过程中要充分发挥各级技术监督体系的作用，对电力规划、建设和生产实施全过程、全方位的技术监督管理。

二、组织机构及其职责

（一）发电集团技术监督组织机构

1. 华能集团技术监督组织机构

华能集团技术监督组织机构实行三级管理。第一级为华能集团公司，第二级为产业公司、区域公司，第三级为发电企业。华能集团成立了技术监督管理委员会，是华能集团技术监督工作的领导机构。委员会下设技术监督管理办公室，挂靠在华能集团安全监督与生产部。产业公司、区域公司分别成立了以主管生产的副总经理或总工程师为组长的区域公司技术监督领导小组，挂靠在各自的生产管理部门，生产管理部门负责已投产发电企业的技术监督管理工作，基建管理部门负责新（改扩）建发电企业技术监督管理工作。发电企业分别成立了厂级技术监督领导小组，由主管生产（基建）的领导或总工程师为组长，并设置各专业技术监督专责人员，负责日常技术监督工作的开展。

2. 华电集团技术监督组织机构

华电集团技术监督工作实行华电集团公司、区域公司、发电企业三级管理。华电集团生产技术部为技术监督归口管理部门，负责制定有关制度、标准，贯彻国家、行业有关法律、法规及标准，指导检查各区域公司、发电企业技术监督工作。华电电力科学研究院有限公司受集团公司委托对区域公司及所管理发电企业技术监督工作行使指导与监督职能，是集团公司系统内技术监督、技术服务和技术支撑单位，按要求开展技术监督管理及相关检验检测工作。区域公司是区域技术监督工作的管理主体，按照集团公司技术监督工作的有关要求，指导、监督、协调所管理发电企业的技术监督工作。发电企业是技术监督工作的执行主体，依据上级有关技术监督政策、规程、标准、制度、技术措施等积极主动开展技术监督工作，对技术监督工作负直接责任。

3. 大唐集团技术监督组织机构

大唐集团公司成立了以主管生产副总经理或总工程师为组长，以生产运营部、工程管理部和中国大唐集团科学技术研究院有限公司、中国大唐集团新能源科学技术研究院有限公司（以下简称"两院"）有关人员组成的技术监控管理领导小组，下设办公室，挂靠在生产运营部，归口管理集团公司技术监控工作。大唐集团技术监控工作实行三级管理，即集团公司、子（分）公司、发电企业。"两院"按照集团公司要求，负责对基层企业的技术监控工作进行监督。集团公司生产运营部负责已投产机组运行、检修、技术改造等方面的技术监控管理工作，工程管理部负责新（扩）建机组在设计审查、设备选型和监造、安装调试、移交验收等阶段的技术监控管理工作。"两院"成立以主管生产副院长或总工程师为组长的技术监控管理领导小组，设立相关部门专门负责集团公司系统企业技术监控和技术服务的管理工作。子（分）公司成立以主管生产副总经理或总工程师为组长，生产、规划建设管理等部门负责人为成员的领导小组，管理本企业的技术监控工作。基层企业成立以总工程师为组长，生产、工程管理等部门负责人为成员的领导小组，管理本企业技术监控工作。

4. 国家能源集团技术监督组织机构

国家能源集团明确技术监督在集团公司统一领导下实行一体化管控，实现技术监督工作机制统一、制度统一、标准统一、流程统一。国家能源集团成立了电力技术监督委员会，负责开展技术监督体系建设，负责定制度、定方向、定目标。各子（分）公司是本单位技术监督工作的管理主体，组织所属发电企业开展技术监督工作。国家能源集团成立技术监督中心（设在国家能源集团科学技术研究院），统一开展集团层面的技术监督工作，并作为集团公司技术监督管理职能的延伸，开展具体日常管理工作。

（二）各级技术监督组织机构主要职责

当前，我国主要发电集团技术监督均采用三级管理制度或与三级管理制度相类似的分级管理制度，不同发电集团技术监督组织机构基本类似。一级管理来自发电集团层面，由各发电集团技术监督管理委员会、技术监督管理领导小组或者技术监督归口管理部门承担。二级管理来自各发电集团区域公司或产业公司，由区域公司技术监督工作小组、技术监督实施单位共同承担。三级管理来自各发电企业，由企业技术监督办公室领导各个专业技术监督负责人开展具体工作。为统一描述，本节采用集团公司管理职责、二级单位职责和发电企业管理职责进行描述。

1. 集团公司管理职责

（1）贯彻执行国家有关电力技术监督的政策、法规及行业有关规程、标准、制度、技术措施等；制定集团公司有关技术监督的规程、标准、制度、技术措施，建立和完善集团公司技术监督网络，布置年度技术监督重点工作计划。

（2）对二级单位和三级单位技术监督工作进行检查、监督和指导，参与重大事故的调查分析和反事故措施的制定工作；负责和国家、行业有关部门关于技术监督的联系工作，组织、推广和应用成熟、可靠、有效的技术监督和故障诊断技术。

（3）组织对重大技术监督异常情况进行研究和解决，对告警中发现的典型技术监督管理问题和引发设备缺陷的问题，在集团公司内部予以通报。

2. 二级单位管理职责

（1）贯彻执行国家有关技术监督的政策、法规和集团公司有关规程、标准、制度、技术措施等；建立和完善区域技术监督网络，组织制定本单位有关技术监督的管理制度、技术措施等。

（2）根据集团公司技术监督工作计划，制定本单位技术监督年度工作计划，对下属三级单位技术监督工作进行检查和指导；参与所管理三级单位的事故调查分析工作，制定反事故措施，并对落实情况进行检查。

（3）组织召开技术监督工作会议，传达集团公司关于技术监督工作的指示和要求，总结技术监督的工作经验，布置阶段性和年度技术监督工作；组织对技术监督人员的培训、考核工作。

（4）对技术监督服务单位上报的所属发电企业技术监督指标和报表数据进行核实、汇总和分析，将重大问题和整改结果上报集团公司；检查、督促和跟踪各发电企业对存在问题的整改落实情况，对重大和共性问题，组织专业技术人员进行专项研究，制定方案、落实解决。

（5）定期对所属各发电企业的监督报表数据进行全面分析，并将分析报告定期上报集团公司技术监督技术管理部门；每年年初定期将上年度技术监督工作总结报告和下年度工作计划上报集团公司技术监督管理部门；每年一季度前负责统一协调、指导所属各发电企业和技术监督服务单位签订技术监督合同，严格执行合同规定的定期报告和索赔条款，对合同执行情况进行检查和考核。

（6）督促指导发电企业在新（改扩）建机组项目或重大技术改造工程中履行技术监督管理主体责任和职责，指导发电企业有效实施建设阶段技术监督工作；负责与所在地区的地方、行业有关部门关于技术监督的联系工作。

（7）督促技术监督服务单位执行异常情况告警的相关要求，技术监督服务单位没有及时发出《技术监督异常情况告警通知单》，并造成后果的，按合同条款执行经济赔偿。

（8）当所管理发电企业存在异常告警条件中规定的情况时，及时向相应单位发出《技术监督异常情况告警通知单》，并对整改方案进行审核，对整改结果进行监督。负责对技术监督服务单位向发电企业发出的《技术监督异常情况告警通知单》的整改情况进行监督和指导，并组织技术监督服务单位对整改结果进行检查、验收。

3. 发电企业管理职责

发电企业是技术监督体系中最重要的环节，是电力设备的直接管理者，也是技术监督管理的执行主体，对技术监督管理工作负直接责任。发电企业应成立技术监督领导小组，由主管生产（或工程建设）的副总经理或总工程师任组长，其成员包括设备管理部门、运行部门和设备维护部门负责人，绝缘、金属、化学等专业的技术监督专业工程师。

（1）贯彻执行行业、集团公司有关技术监督规程、标准、制度、技术措施等，并制定本单位技术监督实施细则，制定本单位技术监督工作计划，按时完成技术监督报表和监督工作总结，按要求及时上报。

（2）建立健全企业技术监督工作网络，成立由主管生产的副总经理或总工程师担任组长的管理领导小组。建立由厂（公司）、设备管理部门、车间或班组组成的三级技术监督管理体系，落实各级技术监督岗位责任制。基建工程建设阶段主要参建单位应纳入技术监督网络，明确相应的管理职责。

（3）组织制定并批准颁布本单位的各项技术监督制度和实施细则，审批各项技术监督的月、季、年报表和总结，检查、协调、落实本单位各项技术监督工作。

（4）建立健全设备台账和档案，对设备的监造、安装、调试、维护、检修等全过程进行技术监督。按规定对设备进行监测和试验，对数据进行综合分析，及时发现设备存在的隐患。

（5）掌握设备设计、监造、安装、调试、运行、检修中的设备缺陷情况，对于发现的缺陷及时消除，重大设备隐患和故障及时向上级管理部门报告；按各专业规定的格式，在规定时间向上级监督管理部门和技术监督服务单位报送每月和每季度技术监督指标完成情况，组织安排本单位技术监督人员的培训工作。

（6）每月召开技术监督网络会议，传达上级有关技术监督工作的指示，听取各技术监督管理人员的工作汇报，分析存在的问题并制定、布置针对性纠正措施，检查技术监督各项工作的落实情况。

（7）配备各专业技术监督人员检测仪器和计量设备，掌握本单位监督设备的运行、试验、检验情况，对技术监督数据的真实性、可靠性负责，每月及时向技术监督服务单位和上级技术监督管理部门上报技术监督数据；做好仪器设备定期校验和计量传递工作；接受技术监督服务单位在监督工作中的专业管理。

（8）新（扩）建机组项目履行技术监督管理主体责任和职责，从设计、设备监造、安装、调试及生产运行的全过程实施有效监督，确保监督到位、资料齐全。组织技术监督人员参加本单位在建和改造工程的设计审查、设备选型、监造、安装、调试、试生产阶段的技术监督和质量验收工作。

（9）制定本单位的技术监督异常情况告警整改实施细则，根据合同约定，监督检修受托单位履行相关的技术监督管理职能，督促检修受托单位的技术监督管理工作。收到《技术监督异常情况告警通知单》后，要立即组织安排整改工作，工作必须落实到人，并明确整改完成时间，整改计划要上报二级单位技术监督管理部门。整改工作完成后要将整改结果以报告形式报送上级单位和技术监督服务单位。

（三）发电集团技术监督管理与服务单位

当前，各大发电集团均建立了各自的技术监督组织机构，并委托所属电力科研院所对其集团范围内的企业开展技术监督管理或技术服务工作。

华能集团 2017 年调整技术监督管理模式，授权西安热工研究院全面承接华能集团所属发电企业电力技术监督服务管理及节能技术集成应用等 14 项专项技术服务工作。西安热工研究院成立了广州、苏州、济南、太原、沈阳、云南六个区域技术监督及服务中心，实现了华能集团技术监督集约化管理。

国家电投集团经过多年重组并购和自身发展，逐步形成了以国家电投中央研究院、中电华创电力技术研究有限公司、上海明华电力科技有限公司等国家电投内部科研机构承担技术监督管理和技术服务工作的局面，基本形成了"自身力量为主体，外部力量为补充"的技术监督工作格局。

国家能源集团成立了技术监督中心，设在国家能源集团科学技术研究院，统一开展集团层面的技术监督工作，并作为国家能源集团技术监督管理职能的延伸，开展具体日常管理工作；国家能源集团科学技术研究院各分院、属地国家电网电力科学研究院承担区域内子（分）公司所属发电企业技术监督工作。其他如大唐集团、华电集团等也陆续成立内部电力科学研究院，统一开展集团层面的技术监督工作，并由内部区域分院承担相关区域及部分子（分）公司所属发电企业技术监督工作。

1. 技术监督管理单位职责

当前，各大发电集团均建立了各自的技术监督组织机构，委托所属电力科学研究院统一开展集团层面的技术监督工作，并作为技术监督管理职能的延伸，主要管理职责如下。

（1）协助集团公司单位完善和更新集团公司技术监督管理制度、实施细则和技术标准，协助集团公司对二级单位、发电企业的技术监督工作进行监督、指导，开展技术监督动态检查。

（2）组织或协助对集团公司各企业开展技术监督管理与服务工作进行再监督和定期评价，协助集团公司单位进行事故调查分析和反事故措施的制定工作。

（3）深化集团公司基建工程建设阶段技术监督工作，参与新（扩）建或重大技术改造工程的设计审查、设备选型、监造、施工安装、调试、试生产阶段的技术监督管理和质量验收工作。

（4）参与对机组检修和重大技术改造项目的评估与评价，收集集团公司技术监督信息，编写季度、年度技术监督分析总结报告，提出技术监督工作建议，定期出版技术监督简讯。

（5）对存在重大设备隐患的二级单位、发电企业发出《技术监督异常情况告警通知单》，并对整改情况进行监督；制定技术监督人员培训计划，定期组织技术监督人员进行培训和考评，提高火力发电技术监督人员的技术水平和管理能力。

（6）负责集团公司技术监控管理信息系统的建设，组织相关技术交流，研究推广新技术。

2. 技术监督服务单位职责

（1）根据与发电企业签订的委托管理合同约定的内容，按照集团公司有关制度要求，负责委托单位的技术监督工作。

（2）了解和掌握发电企业的技术状况，建立、健全主要受监设备的技术监督档案，每年对所服务的发电企业进行1～2次技术监督现场动态检查，对存在的问题进行研究并提出建议和措施。

（3）发现有违反标准、规程、制度及反事故措施的行为，和有可能造成人身伤亡、设备损坏的事故隐患时，按规定及时提出技术监督预警，签发技术监督预警通知单，提出整改建议和措施，并对预警问题进行督办验收。

（4）依靠科技进步，不断完善和更新测试手段，提高服务质量；加强技术监督信息的交流与服务工作；对技术监督关键技术难题，组织科技攻关。

（5）对于技术监督服务合同履约情况，接受集团公司、二级单位和发电企业的监督检查。

三、组织机构的管理要求

（一）技术人员的要求

人员是体系有效运转的前提条件，各级技术监督组织机构应保证人员配备到位、岗位职责明晰。监督管理工作人员要不断提高业务素质和履职能力，及时了解国家政策，掌握行业发展动向，及时传达上级精神，做好工作策划，积极承担技术监督责任，按照规定要求开展技术监督工作，为企业各级单位的安全、可靠、经济、环保运行打下坚实的管理基础。

专业技术人员应积极参加行业或者集团公司举办的专项技术监督培训，提高专业技能；应积极参加上级单位和行业技术交流，收集专业信息。对工作中发现的同类同质问题，认真归纳，积极寻求有效解决办法，认真学习技术监督良好实践和经验反馈，为企业各级单位技术监督工作打下坚实的基础。

（二）技术监督服务单位要求

集团公司系统内部有技术监督资质、能力的单位，归口管理单位应鼓励和指导其积极主动承担本区域集团公司内部发电企业的技术监督管理、服务工作；要督促严格按照与发电企业签订的技术监督管理和服务合同，认真履行相应的职责，对于发电企业提出的技术监督管理服务不到位的有关问题，要及时督促有关技术监督服务单位认真进行改进。

承担技术监督管理服务的单位，要不断提高自身的装备、技术和管理水平，积极开展各项资质认证工作，以满足发电企业技术监督服务的软硬件需求。要真正承担起对发电企业技术监督的管理和指导作用，要定期听取发电企业意见，不断改进自身工作。

第二节 标 准 制 度 体 系

对电力生产而言，技术标准是电力企业科学组织生产的先导条件。电力企业生产的特点是技术复杂、高度自动化，要求电力生产供应具有高度安全可靠性。同时，电力企业又是设备密集、技术密集和资本密集型企业，要保证电力生产系统安全、经济、可靠稳定运行，必须实行科学管理。建立高水平的技术标准体系、加强技术标准化管理工作是实现电力企业科学管理的基础。各种技术标准能使整个系统协调一致，能保证电力企业生产运营过程中内外部各环节密切配合、协调动作、上下一致，使每个环节处于标准控制之下，保证系统正常运行。

标准制度体系是指导技术监督工作开展的依据和准绳，是衡量技术监督工作实施成效的主要技术参考。在实际工作中，各级单位均应严格按照标准制度规定开展技术监督工作。若由于设备具体情况而不能执行规程、标准、反事故措施时，应进行认真分析、讨论，由单位分管领导批准并征得技术监督管理部门的同意，重大问题要报上级单位技术监督管理部门。

一、技术标准概述

标准是对重复性事物和概念所做的统一规定，它以科学、技术和实践经验的综合成果为基础，以促进最佳社会效益为目的，经有关方面协商一致，由主管机构批准，以特定形式发布，作为共同遵守的准则和依据。

标准对象主要为"重复性事物"，"重复性"是指同一事物反复出现，被多次重复运用的性质。如电能的生产、运行，燃料的供应，原材料的投入加工，电能的输送，电力设备的检修，电能的营销等都是电力企业生产经营中重复性发生的事物。对具有重复性特征的事物，要靠制定标准来减少不必要的重复劳动，提高劳动生产率。

对重复性事物制定标准，是为总结实践经验，选择最优方案。标准是以科学、技术成果和实践经验为基础，通过简化、协调、统一、优化，而升华为标准，使无序化、多样化的生产方式，达到有序的规范化管理。

开展技术监督工作需要紧紧依靠各项监督标准，确保标准执行到位，不出现因主客观原因而违反标准的规定，放松或降低标准控制指标的要求。

（一）技术标准的定义

技术标准是对标准化领域中需要协调统一的技术事项所制订的标准。它是根据不同时期的科学技术水平和实践经验，针对具有普遍性和重复出现的技术问题，提出的最佳解决方案。它的对象既可以是物质的（如产品、材料、工具），也可以是非物质的（如概念、程序、方法、符号）。技术标准一般分为基础标准、产品标准、方法标准和安全、卫生、环境保护标准等。技术标准是从事科研、设计、工艺、检验等技术工作以及商品流通中共同遵守的技术依据，是大量存在的、具有重要意义和广泛影响的标准。

1. 国家标准

指对需要在全国范围内统一的或国家需要控制的技术要求所制定的标准。由国务院标准化行政管理部门制定发布。国家标准是通用的，在全国范围内普遍通用，不受行业的限制。

2. 行业标准

指对没有国家标准，而需要在全国某个行业范围内统一的技术要求所制定的标准。由国务院有关行政管理部门制定发布，并报国务院标准化行政管理部门备案。

3. 地方标准

在某个省、自治区、直辖市范围内需要统一的标准。对没有国家标准、行业标准而又需要在省、自治区、直辖市范围内统一的技术要求，可以制定地方标准。地方标准由省、自治区、直辖市人民政府标准化行政管理部门制定发布，并报国务院标准化行政管理部门和国务院有关行政主管部门备案。

4. 团体标准

团体标准由团体按照团体确立的标准制定程序自主制定发布，由社会自愿采用的标准。团体标准由具备相应能力的学会、协会、商会、联合会等社会组织和产业技术联盟协调相关市场主体共同制定，供市场自愿选用，以满足市场和创新需要，增加标准的有效供给。团体标准不设行政许可，由社会组织和产业技术联盟自主制定发布，通过市场竞争优胜劣汰。

5. 企业标准

企业标准是指企业所制定的产品标准，以及企业为协调和统一技术要求、管理要求、工作要求而制定的标准。企业标准是企业组织生产、经营活动的依据。

企业标准主要包括企业对国家、行业未发布相应标准的产品或施工工程，就其技术要求、质量要求、规格、试验方法、检测规则等所作出的经标准化组织审查、企业法人批准的技术规定；企业对国家标准、行业标准尚未规定的内容作出补充性的规定；企业对材料、零件、产品以及组织、采购、检查、管理事项等所制定的标准。国家鼓励企业制定严于国家标准或行业标准的企业标准，在企业内部实施。

通常企业标准分为技术标准、管理标准、工作制度三大类。

6. 强制性标准

强制性标准是国家通过法律的形式明确要求对于一些标准所规定的技术内容和要求必须执行，不允许以任何理由或方式加以违反、变更，这样的标准称之为强制性标准，包括强制性的国家标准、行业标准和地方标准。对违反强制性标准的，国家将依法追究当事人法律责任。

7. 推荐性标准

推荐性标准是指国家鼓励自愿采用的具有指导作用而又不宜强制执行的标准，即标准所规定的技术内容和要求具有普遍的指导作用，允许使用单位结合自己的实际情况，灵活加以选用。

（二）技术标准数量的发展

标准和技术规范是为开展技术监督活动而提供的科学合理的依据，标准体系的发展需要依托有效的修订体系。我国技术标准体系发展迅速，20世纪90年代，我国的国家标准总数约 16 900 个，行业标准 17 000 个；截至 2019 年，我国共有国家标准 36 877 个，行业标准 62 262 个。同时组建全国标准化专业技术委员会、分技术委员会达 1321 个，专家近 5 万名，承担国际标准组织的秘书处达到 89 个，主导制定国际标准 583 个，国际标准组织注册的中国专家近 5000 名。标准发展取得了令世人瞩目的成就。

二、电力技术监督国家行业标准现状

（一）电力行业技术监督标准发展情况

我国电力行业的技术监督起步于 20 世纪 50 年代末期，技术标准经历了从无到有、从粗糙到细致、从人治到法治的过程。以化学监督为例，1988 年 2 月，原水利电力部以（88）水电电生字第 2 号文件颁布实施了 SD 246—1998《化学监督制度》，标志着化学技术监督标准的诞生。随着高参数机组的陆续投产，SD 246—1998 逐渐不能满足要求，因此陆续出台了水汽监督、基建监督、大修化学检查监督以及在线化学仪表监督等导则，实现了监督内容的多样化。由于企业重视程度不够，汽水品质经常出现超标，因此又出现了汽水品质合格率和在线化学仪表监督的具体规定。随着在线化学仪表安装后因维护不到位而造成的投入率和准确率低的现象，又陆续出台了仪表投入率和准确率等参数的具体规定，逐步实现了化学技术监督标准从"人治"向"法治"转化。

电力技术监督标准经过几十年的发展，已经形成了以 DL/T 1051《电力技术监督导则》为主干，不同专业技术监督规程为分支，相关电力设备的设计、制造、安装、检修维护、检测、监测、试验分析的专项质量和方法等标准相结合的较完善的体系，总体上做到了基本面覆盖。

但现有技术监督标准体系仍有很多内容亟须完善，如 DL/T 1051《电力技术监督导则》范围主要涵盖火电、水电设备、风电，其中对 IGCC 电站煤制气、垃圾电站垃圾前处理及垃圾焚烧、生物质电站生物质前处理及焚烧、水电金属、风电金属等内容缺乏，对光伏发电、光热发电、核电、储能电站等主要监督内容缺乏。

各专业监督规程中与燃煤发电相关的技术标准最为齐全，燃气轮机、垃圾发电、水电技术监督标准也还存在滞后和空缺的问题，比如燃气发电缺少常规联合循环发电厂技术监督导则以及天然气系统、余热锅炉、节能环保金属等相关标准；垃圾发电标准缺少垃圾发电厂技术监督导则及垃圾焚烧炉、节能环保、金属热工等相关标准；水力发电技术监督标准缺少水力发电厂技术监督导则以及监控自动化、节能环保、金属、化学等相关标准。光伏发电、光热发电、储能电站技术监督规程缺失较多。

（二）专业技术监督纲领性规程名录

多年以来，电力行业各技术监督专业大多制定有一批纲领性规程，规定各专业监督的范围、日常监督的项目、内容及相应的判据，成为各专业开展日常技术监督工作的根本依据。

1. 火电（燃煤发电、燃气–蒸汽联合循环、IGCC 电站、垃圾发电、生物质发电）

（1）DL/T 1054《高压电气设备绝缘技术监督规程》。

（2）DL/T 1049《发电机励磁系统技术监督规程》。

（3）DL/T 1199《电测技术监督规程》。

（4）DL/T 1053《电能质量技术监督规程》。

（5）DL/T 1055《发电厂汽轮机、水轮机技术监督导则》。

（6）DL/T 338《并网运行汽轮机调节系统技术监督导则》。

（7）DL/T 2052《火力发电厂锅炉技术监督规程》。

（8）DL/T 1056《发电厂热工仪表及控制系统技术监督导则》。

（9）DL/T 1052《电力节能技术监督导则》。

（10）DL/T 1050《电力环境保护技术监督导则》。

（11）DL/T 1477《火力发电厂脱硫装置技术监督导则》。

（12）DL/T 1655《火电厂烟气脱硝装置技术监督导则》。

（13）DL/T 438《火力发电厂金属技术监督规程》。

（14）DL/T 939《火力发电厂锅炉受热面管监督技术导则》。

（15）DL/T 612《电力行业锅炉压力容器安全监督规程》。

（16）TSG 11《锅炉监督检验规则》。

（17）TSG 21《固定式压力容器安全技术监察规程》。

（18）TSG D7006《压力管道监督检验规则》。

（19）DL/T 246《化学监督导则》。

（20）DL/T 561《火力发电厂水汽化学监督导则》。

（21）DL/T 595《六氟化硫电气设备气体监督细则》。

（22）DL/T 889《电力基本建设热力设备化学监督导则》。

（23）T/CEC 190《热电联产机组供热管网技术监督规程》。

2. 水电

（1）DL/T 1054《高压电气设备绝缘技术监督规程》。

（2）DL/T 2253《发电厂继电保护及安全自动装置技术监督导则》。

（3）DL/T 1049《发电机励磁系统技术监督规程》。

（4）DL/T 1055《发电厂汽轮机、水轮机技术监督导则》。

（5）DL/T 1199《电测技术监督规程》。

（6）DL/T 1053《电能质量技术监督规程》。

（7）DL/T 1559《水电站水工技术监督导则》。

（8）DL/T 1318《水电厂金属技术监督规程》。

（9）DL/T 1056《发电厂热工仪表及控制系统技术监督导则》（适用于火力发电企业和水力发电企业）。

电力技术监督：体系、管理与实施

（10）DL/T 246《化学监督导则》（适用于发电企业）。

3. 风电

（1）NB/T 10110《风力发电场技术监督导则》。

（2）NB/T 10559《风力发电场监控自动化技术监督规程》。

（3）NB/T 10560《风力发电机组技术监督规程》。

（4）NB/T 10562《风力发电场化学技术监督规程》。

（5）NB/T 10563《风力发电场继电保护技术监督规程》。

（6）NB/T 10564《风力发电场金属技术监督规程》。

（7）NB/T 10565《风力发电场绝缘技术监督规程》。

（8）NB/T 31072《风电机组风轮系统技术监督规程》。

（9）NB/T 31130《风力发电场设备润滑技术监督规程》。

（10）NB/T 31131《风力发电场测量技术监督规程》。

（11）NB/T 31132《风力发电场电能质量技术监督规程》。

4. 光伏发电

（1）NB/T 10113《光伏发电站技术监督导则》。

（2）NB/T 10114《光伏发电站绝缘技术监督规程》。

（3）NB/T 10637《光伏发电站监控及自动化技术监督规程》。

（4）NB/T 10638《光伏发电站能效技术监督规程》。

（5）NB/T 10634《光伏发电站支架及跟踪系统技术监督规程》。

（6）NB/T 10635《光伏发电站光伏组件技术监督规程》。

（7）NB/T 10636《光伏发电站逆变器及汇流箱技术监督规程》。

5. 核电

（1）DL/T 1054《高压电气设备绝缘技术监督规程》。

（2）DL/T 1049《发电机励磁系统技术监督规程》。

（3）DL/T 1199《电测技术监督规程》。

（4）DL/T 1053《电能质量技术监督规程》。

（5）DL/T 1055《发电厂汽轮机、水轮机技术监督导则》。

（6）DL/T 338《并网运行汽轮机调节系统技术监督导则》。

（7）DL/T 1056《发电厂热工仪表及控制系统技术监督导则》。

（8）TSG 21《固定式压力容器安全技术监察规程》。

（9）TSG D7006《压力管道监督检验规则》。

（10）DL/T 246《化学监督导则》。

（11）DL/T 595《六氟化硫电气设备气体监督细则》。

（12）DL/T 889《电力基本建设热力设备化学监督导则》。

（13）NB/T 25017《核电厂常规岛金属技术监督规程》。

（14）NB/T 25098《压水堆核电厂二回路水汽化学监督导则》。

（15）NB/T 25017《核电厂常规岛金属技术监督规程》。

（三）专业技术监督日常工作涉及标准名录

除上述技术监督纲领性规程外，日常工作还要紧紧依靠相关电力设备的设计、制造、安装、检修维护、检测、监测、试验分析的专项质量和方法等标准。本书以化学专业为例，列举说明，主要有以下内容。

1. 国家标准

（1）GB 252《普通柴油》。

（2）GB 474《煤样的制备方法》。

（3）GB 475《商品煤样人工采取方法》。

（4）GB 2536《电工流体变压器和开关用的未使用过的矿物绝缘油》。

（5）GB 2894《安全标志及其使用导则》。

（6）GB 4962《氢气使用安全》。

（7）GB 5903《工业闭式齿轮油》。

（8）GB 8978《污水综合排放标准》。

（9）GB 11118.1《液压油（L-HL、L-HM、L-HV、L-HS、L-HG）》。

（10）GB 11120《涡轮机油》。

（11）GB 12691《空气压缩机油》。

（12）GB 25989《炉用燃料油》。

（13）GB 50013《室外给水设计规范》。

（14）GB 50050《工业循环冷却水处理设计规范》。

（15）GB 50150《电气装置安装工程电气设备交接试验标准》。

（16）GB 50177《氢气站设计规范》。

（17）GB 50335《污水再生利用工程设计规范》。

（18）GB 50660《大中型火力发电厂设计规范》。

（19）GB/T 222《钢的成品化学成分允许偏差》。

（20）GB/T 3625《换热器及冷凝器用钛及钛合金管》。

（21）GB/T 4213《气动调节阀》。

（22）GB/T 4334《金属和合金的腐蚀不锈钢晶间腐蚀试验方法》。

（23）GB/T 4756《石油液体手工取样法》。

（24）GB/T 5475《离子交换树脂取样方法》。

（25）GB/T 7252《变压器油中溶解气体分析和判断导则》。

（26）GB/T 7595《运行中变压器油质量标准》。

（27）GB/T 7596《电厂运行中汽轮机油质量》。

（28）GB/T 7597《电力用油（变压器油、汽轮机油）取样方法》。

（29）GB/T 7735《钢管涡流探伤方法》。

（30）GB/T 8509《六氟化硫电气设备中气体管理和检测导则》。

（31）GB/T 12145《火力发电机组及蒸汽动力设备水汽质量》。

（32）GB/T 12022《工业六氟化硫》。

（33）GB/T 13296《锅炉、热交换器用不锈钢无缝钢管》。

（34）GB/T 13803.4《针剂用活性炭》。

（35）GB/T 14541《电厂运行中汽轮机用矿物油维护管理导则》。

（36）GB/T 14542《运行中变压器油维护管理导则》。

（37）GB/T 18666《商品煤质量抽查和验收方法》。

（38）GB/T 19494.1《煤炭机械化采样　第 1 部分：采样方法》。

（39）GB/T 19494.2《煤炭机械化采样　第 2 部分：煤样的制备》。

（40）GB/T 19494.3《煤炭机械化采样　第 3 部分：精密度和偏倚试验》。

（41）GB/T 20878《不锈钢和耐热钢牌号及化学成分》。

（42）GB/T 50619《火力发电厂海水淡化工程设计规范》。

2. 行业标准

（1）DL 5068《火力发电厂设计技术规程》。

（2）DL 5009.1《电力建设安全工作规程　第 1 部分：火力发电》。

（3）DL/T 1366《电力设备用六氟化硫气体》。

（4）DL/T 290《电厂辅机用油运行及维护管理导则》。

（5）DL/T 333.1《火电厂凝结水精处理系统技术要求　第 1 部分：湿冷机组》。

（6）DL/T 333.2《火电厂凝结水精处理系统技术要求　第 2 部分：空冷机组》。

（7）DL/T 336《石英砂滤料的检测与评价》。

（8）DL/T 519《火力发电厂水处理用离子交换树脂验收标准》。

（9）DL/T 520《火力发电厂入厂煤检测实验室技术导则》。

（10）DL/T 543《电厂用水处理设备验收导则》。

（11）DL/T 569《汽车、船舶运输煤样的人工采取方法》。

（12）DL/T 571《电厂用磷酸酯抗燃油运行与维护导则》。

（13）DL/T 582《火力发电厂水处理用活性炭使用导则》。

（14）DL/T 651《氢冷发电机氢气湿度的技术要求》。

（15）DL/T 665《水汽集中取样分析装置验收导则》。

（16）DL/T 677《发电厂在线化学仪表检验规程》。

（17）DL/T 705《运行中氢冷发电机用密封油质量标准》。

（18）DL/T 712《发电厂凝汽器及辅机冷却器管选材导则》。

（19）DL/T 722《变压器油中溶解气体分析和判断导则》。

（20）DL/T 747《发电用煤机械采制样装置性能验收导则》。

（21）DL/T 794《火力发电厂锅炉化学清洗导则》。

（22）DL/T 805.1《火电厂汽水化学导则 第 1 部分：直流锅炉给水加氧处理》。

（23）DL/T 805.2《火电厂汽水化学导则 第 2 部分：锅炉炉水磷酸盐处理》。

（24）DL/T 805.3《火电厂汽水化学导则 第 3 部分：汽包锅炉炉水氢氧化钠处理》。

（25）DL/T 805.4《火电厂汽水化学导则 第 4 部分：锅炉给水处理》。

（26）DL/T 805.5《火电厂汽水化学导则 第 5 部分：汽包锅炉炉水全挥发处理》。

（27）DL/T 855《电力基本建设火电设备维护保管规程》。

（28）DL/T 913《火电厂水质分析仪器质量验收导则》。

（29）DL/T 941《运行中变压器用六氟化硫质量标准》。

（30）DL/T 951《火力发电厂反渗透水处理装置验收导则》。

（31）DL/T 952《火力发电厂超滤水处理装置验收导则》。

（32）DL/T 956《火力发电厂停（备）用热力设备防锈蚀导则》。

（33）DL/T 957《火力发电厂凝汽器化学清洗及成膜导则》。

（34）DL/T 977《发电厂热力设备化学清洗单位管理规定》。

（35）DL/T 1029《火电厂水质分析仪器实验室质量管理导则》。

（36）DL/T 1076《火力发电厂化学调试导则》。

（37）DL/T 1094《电力变压器用绝缘油选用指南》。

（38）DL/T 1096《变压器油中洁净度限值》。

（39）DL/T 1115《火力发电厂机组大修化学检查导则》。

（40）DL/T 1138《火力发电厂水处理用粉末离子交换树脂》。

（41）DL/T 1260《火力发电厂电除盐水处理装置验收导则》。

（42）DL/T1359《六氟化硫电气设备故障气体分析和判断方法》。

（43）DL/T 5004《火力发电厂试验、修配设备及建筑面积配置导则》。

（44）DL/T 5190.6《电力建设施工技术规范 第 6 部分：水处理及制氢设备和系统》。

（45）DL/T 5210.6《电力建设施工质量验收及评价规程 第 6 部分：水处理及制氢设备和系统》。

（46）DL/T 5295《火力发电建设工程机组调试质量验收及评价规程》。

（47）DL/T 5437《火力发电建设工程启动调试及验收规程》。

（48）NB/SH/T 0636《L-TSA 汽轮机油换油指标》。

（49）SH 3097《石油化工静电接地设计规范》。

（50）SH/T 0586《工业闭式齿轮油换油指标》。

三、技术监督企业标准建设

电力企业具有特定开放型动态系统，其生产特点是高参数、技术设备高度自动化，生产技术复杂，因此，要保证电力企业的安全稳定、经济运行，必须建立健全以技术标准为主体的企业标准化体系，这是实现企业科学管理的基础。企业技术标准制定、修订的质量，各级技术标准宣贯的及时性和专业性，会直接影响企业安全生产和产品质量及经济效益的提高。可以说企业的技术标准体系是衡量企业技术水平的标尺。

（一）标准体系建设原则及定位

1. 电力技术监督标准体系建设

建立技术监督标准体系。电力技术监督标准体系是标准的顶层设计，标准体系的构建将填补国家标准、行业标准、企业标准体系的缺失。标准的设计应结合实际生产中的难点问题，对集团公司内部典型的问题的解决给予指导与规范。

2. 电力技术监督标准体系构建原则

（1）质量和效益原则。构建电力技术监督标准体系，一方面，要明确一定发展阶段的标准化工作目标，统筹规划标准的发展；另一方面，要能有效提升标准的质量和实施效益，促进各项业务工作的健康发展。建成的标准体系应能"面向基层、服务集团、结构合理、主次分明、水平先进、满足需求"，具有可扩展性和可持续性。

（2）管理与技术原则。企业与管理职能相结合，以技术标准为主。结合电力行业特征和相关行业标准体系特征，建造覆盖全行业、全过程、全寿命周期的技术监督标准体系，完善体系的制定、修订原则，建立集团公司企业标准和二级单位标准，对特定问题进行补充。

（二）体系构建目标及方向

1. 企业标准体系构建目标

标准体系围绕电力技术监督工作开展，旨在明确各类型电力设备及各参与方的要求，提高电力行业技术监督工作质量和成效，以指导电力行业合理规划、研究当前和未来标准制定及修订的重点方向。标准体系框架遵循全过程、全发供电类型设计理念，做到全面覆盖。标准按三级结构构建，电力技术监督（通用）规程（或细则）为一级标准，以各发电类别分类编写的技术监督规程（或细则）为二级标准，以各发电类别的各专业或设备技术监督规程（或细则）为三级标准。各集团公司可结合本企业实际，对照做好标准体系建设工作，做到层次分明、齐全完善。

2. 企业体系建设方向

（1）编制不同发电类别技术监督管理办法（火电、水电、风电、光伏发电等）。按照"依法监督、分级管理"的原则，梳理各级管理主体责任和职责，指导有效发挥各级技术监督的管理作用，这些制度构成集团层面开展技术监督的顶层标准体系。

（2）颁布技术监督实施细则。其中火电大多包含了绝缘、继电保护、励磁、电测、电能质量、汽轮机、热工、节能、环保、金属、压力容器、化学等监督标准；水力发电大多包含了绝缘、继电保护、励磁、电测及热工计量、电能质量、节能、环保、金属、化学、监控自动化、水轮机、水工等监督标准；风力发电场大多包括绝缘、继电保护、电测、电能质量、风力机、监控自动化、金属、化学等监督标准，为技术监督专业管理的标准化、规范化奠定基础。此类实施细则构成集团级技术监督标准体系。

（3）管理制度与技术标准相结合。对于各电力企业，应根据自己设备的实际情况结合集团实施细则进行制度本地化，对本单位各监督专业的"监督范围及主要指标""主要监督内容"等进行明确。厂级技术监督管理制度是各厂开展技术监督工作的基础，细则中应明确技术监督范围和内容，明确各级网络人员职责。除厂级技术监督实施细则外，各发电企业还应根据专业技术监督的需要制定相应设备运行标准、设备检修标准、试验标准等。以化学专业为例，主要应包括《化学运行规程》《化学设备检修工艺规程》《在线化学仪表检验、维护规程》《化学实验室管理规定》《化学实验室仪器仪表设备管理规定》《机组检修化学检查规定》《化学药品（及危险品）管理制度》《大宗材料（树脂、膜材料等）和大宗药品管理制度》《油务管理制度》《SF_6气体管理制度》《燃料质量管理制度》。

（4）主要注意问题。各二级单位、区域公司、发电企业应将发电技术监督标准资料收集齐全，应及时更新过期版本，保持最新有效。在实际工作中，由于发电企业一线技术人员对标准规程更新过程关注方式较为单一，易出现标准更新后不能及时指导生产的现象，因此应由技术监督实施单位定期提供各个专业的最新版本标准，便于发电企业更好地开展技术监督工作。

发电企业应建立、健全各专业技术监督工作制度、标准、规程，制定规范的检验、试验或监测方法，使监督工作有法可依，有标准对照。技术监督专业人员应根据新颁布的国家、行业标准、规程及上级主管单位的有关规定和受监设备的异动情况，对受监设备的运行规程、检修维护规程、作业指导书等技术文件中监督标准的有效性、准确性进行评估，对不符合项进行修订，履行审批流程后发布实施。

四、技术监督工作标准化

（一）技术监督工作标准化的作用

标准化是规范技术监督工作、提高技术监督工作效率的重要手段。技术监督标准化可以规范技术监督工作的开展，明确监督重点，强化过程管理，实现闭环管控。通过技术监督标准化体系建设，运用标准化管理的科学方法，拓展技术监督管理体系覆盖的深度和广度，实现机组运行的"事前预控、事中可控、事后在控"的全面监督模式。技术监督标准化可以对重复工作进行归类，对相同工作可以统筹协调开展，如相关专业的技术监督培训可集中进行，提高工作效率。

技术监督标准化管理是企业标准化管理的一项重要基础工作，建立协调高效的管理标准是一切社会系统存在和发展的基础。所谓企业管理标准是对企业内需要协调统一的管理事项所制定的标准，主要是对"事"而言，其主要特征是研究规定人们各种生产经营活动（即"事"的分工范围、程序方法及如何实现控制等），其属性是对企业内部诸多管理事项所做的质的规定，是企业生产经营活动的依据。具体来说，管理标准化就是以管理为核心，并以科学的技术、方法和程序指导企业工作，从而实现产品质量得以改善和市场竞争力得以提高。

（二）技术监督工作标准化的实施

技术监督工作标准化实施主要包括技术监督标准制度、技术监督工作内容、技术监督评价方法三方面内容。技术监督标准制度标准化主要是指结合国家及行业标准目录，结合企业特点，及时更新技术监督相关技术标准，完善各专业标准清册，指导和规范企业开展技术监督工作。技术监督工作内容标准化主要是指以全过程监督为主线，明确各个环节技术工作内容及工作标准，对监督网络、工作计划、定期工作、工作总结、告警管理、指标设置等管理内容做到标准化、规范化，为强化日常管理、充分发挥技术监督预防保障作用打下基础。技术监督评价方法标准化主要是按照定期工作完成情况、技术监督检查情况、检查问题整改完成情况、告警闭环管理情况、相关设备监督事件等指标，确定技术监督工作评价体系，综合考虑各权重因子确定评价得分体系，建立适合各发电企业统一的评价标准，为科学开展对标工作、建立激励机制提供依据。

第三章

技术监督工作实施

本章要点

1. 技术监督全过程管理的内容及各阶段工作重点。
2. 技术监督日常管理工作内容及要求。

第一节　技术监督全过程管理

　　电力行业技术监督全过程管理指电力设备在设计选型、设备监造、施工安装、调整试运、生产运行、检修技改以及设备停运退役等全生命周期过程中，依据国家、行业有关标准、规程，采用有效的测试和管理手段，对电力建设及生产过程中与安全、质量、环保、经济运行有关的重要参数、性能和指标进行监测与控制，对电力生产所需的标准规程执行落实情况进行监督。

一、设计选型阶段技术监督管理工作

（一）主要问题

　　电力设备设计选型阶段技术监督是工程基建阶段技术监督中非常关键的一个环节。项目可研和初步设计起步较早，此时建设单位组织机构和工程管理人员尚未齐全，也缺少相应的技术监督服务单位，因此可研、初步设计阶段的技术监督基本无法开展。当前，很多电力工程的设计存在雷同，由于缺少设计回访，设计缺陷不断被复制和重演。一方面，在电力工程建设的前期阶段，工程管理人员数量较少，且主要从事招标采购和现场基础施工管理等工作，对设计方案和设备选型中出现的问题难以做到全面了解；另一方面，等到技术监督服务单位开始介入后，却发现大多数工程设计早已完成，设备早已完

成采购。即使发现问题，考虑施工进度和前期资金投入的影响，建设单位对于影响较小的问题往往不想做出改变。如何实现同类型机组设计问题不能发生、同一设计院发生的问题不能发生、集团公司系统内发生的问题不能发生，是一个值得重视的问题。

（二）重点关注

建设单位应在项目立项阶段确定基建技术监督服务单位，并组织或邀请其参加可研评审和初步设计方案讨论等会议。技术监督服务单位应保证参会人员的技术水平满足评审要求。

可行性研究应符合国家及行业制定的新建机组技术路线要求，并结合项目实际，确定主机技术条件、原则性工艺系统和布置方案、主辅机配置、电厂接入系统等方案。对初步设计原则，主设备和主要辅机设备选型，新技术、新工艺、新材料的应用进行把关，同时应充分考虑机组投产后的运行安全性、经济性和灵活性。

监督形式主要是检查文件资料，对技术问题提出意见和建议。应重点关注是否违反《防止电力生产事故的二十五项重点要求》（国能安全〔2014〕161号）等国家、行业设计标准规范，关注技术方案的可靠性、经济性、先进性，关注设计审查意见和设计变更问题的闭环。

对于机组建设过程中出现的各类问题，建设单位应委托技术监督服务单位进行梳理和上报。技术监督服务单位应定期收集工程变更情况，对于重大设计变更应建立跟踪机制；应定期检查施工单位出具的工程联系单并建立相关台账，明确问题类型。

二、设备监造阶段技术监督管理工作

（一）主要问题

一方面，随着电力设备制造企业竞争激烈，原材料、人工成本等增加，为追求利益最大化，部分设备供应商将设备过度分包、转包、外协扩散，导致设备质量隐患重重；而市场无序竞争又迫使部分设备供应商人为简化工艺，甚至降低材料等级，致使设备性能得不到根本保障。另一方面，部分制造单位内部管理不完善，各部门互相脱节，导致设备在订货、设计、工艺、质量检验、验收等环节出现较严重的技术错误，有的与技术协议不符，有的达不到技术协议要求，质量事件频繁发生，也引发了设备投运前业主单位和供应商的矛盾争端，直接影响电力设备的安全可靠运行。同时，当前电力设备国产化水平尚不能完全满足要求，部分国外进口设备与国内相关技术标准有不统一，在设备监造阶段并未按照国内技术标准要求进行完善优化。

（二）重点关注

设备监造阶段应严格按照国家、行业规程规范的要求，组织或见证主要设备的出厂试验、检测和验收，必要时建设单位参加见证。应按行业设计标准规范及合同要求履行设备监造责任，实施全过程监造和质量把关。应制定设备监造计划、监造大纲和实施表，对主要及关键部件制造质量、制造工序和整体试验等进行见证。

应重点检查设备监造过程中出现的质量问题，检查不合格项的记录、分析和处理方案、处理结果等文件是否符合规范要求。如通过厂家提供的检验记录等资料，根据现行标准，对设备和部件进行出厂前监督，对于重要节点，建设单位可全程派人参与并现场共同检验验收；审查监督大纲和质量计划是否参照 DL/T 586《电力设备监造技术导则》执行；审查出厂验收报告是否根据相对应的技术协议执行；审查监造总结是否根据相应的技术协议执行；审查重要出厂试验项目见证是否根据技术方案及技术指标执行；审查现场制作的设施，如除尘设施、脱硫设施、脱硝设施和废水处理设施等是否符合设计和技术协议书的要求；审查重要附属设备校验证明和监测报告是否根据具体技术方案及技术指标执行；对设备验收阶段发现存在的技术问题提交书面报告；全程参加对主要受监金属部件的验收；审查电力企业对进厂主要设备进行配置验收和设备通电性能记录或报告，是否依据行业标准和细则进行监督管理。对于设备制造阶段发现的有关问题，根据技术方案、设计资料、技术指标等，对问题进行分析和处理。

三、施工安装阶段技术监督管理工作

（一）主要问题

随着国家宏观政策调整，电力建设市场规模大幅回落，市场竞争越发激烈，甚至存在恶性竞争，一些企业在市场竞争中通过低价中标的方式获得项目，部分项目不在合理工程造价范围之内，为工程质量和施工安全埋下隐患，加之电力建设技术监督工作弱化，新时期电力工程建设质量、安全风险日增。由于低价中标、组织管理等原因，安装人员专业能力下滑趋势严重，安装人员不了解行业相关技术标准，造成安装工作并未按照标准执行，例如火力发电机组中在项目调试期间经常发生锅炉爆管事故，大多是因为设备在安装阶段缺乏有效的监督机制，安装质量控制工作未能深入开展，因杂物进入锅炉受热面内而导致锅炉爆管事件时有发生。因此，加强施工安装过程中的技术监督，特别是汽轮机、锅炉四管（水冷壁管、过热器管、再热器管和省煤器管）、发电机及其他主要设备的质量监督控制，对降低设备事故发生率、保障设备安全、稳定运行具有重要意义。

（二）重点关注

在施工安装阶段，应按照有关设计文件、厂家设备安装的技术措施、技术规程规范和相关标准的要求，根据工程主要质量控制点，对主设备、辅助设备和材料到厂现场试验、检测和验收监督检查，对设备安装施工技术措施、重大试验方案等实施监督检查。应注重监督施工安装实体工程质量的过程控制，注重隐蔽工程和关键部件、交接验收等检查验收工作。

设备安装应符合国家行业安装工艺验收规范，保证设备安全性和工艺质量；相关参建单位应加强安装过程管理，尤其是锅炉受热面、金属四大管道及热工测点焊接工艺的过程控制，保证焊接质量。对锅炉水压试验期间的水质进行检查监督，检查锅炉水压试验记录是否合格；检查环境保护设施及相关仪表的安装质量是否符合相关标准。

依据工程建设需要，建立相应的试验室和计量标准室，仪器仪表应定期校验，确保检验结果的准确性和有效性。监督检查应采取安装实体工程和资料文件检查相结合的方式开展，重点关注资料文件完整性和真实性。应监督检查设备缺陷和安装质量问题的分析、处理及整改落实情况。

四、调整试运阶段技术监督管理工作

（一）主要问题

（1）基建调试人员技术水平难以满足大容量机组的调试需求。随着电力体制改革的不断深化，以省电力科学研究院为主力班底所承接的调试项目逐渐减少，主要调试技术人员业务方向转型以及人才流失，造成了发电行业整体调试水平的下降。

（2）由于基建施工单位人员投入、管理水平及设备安装质量等问题，给调试工作造成了严重影响。在监督检查中发现，因赶工期而造成投产前必要的试验遗漏现象时有发生，如机组辅机故障减负荷（RB）试验不全面、机组甩负荷试验不严谨等，机组匆匆投产，为后期机组安全生产留下隐患。

（3）业主单位监督管控不力，未制定科学的控制计划，对工作程序也没有进行约束和管理，缺乏有效的科学规划，造成工作效率降低，成本增加。调试组织结构不完善，分工不明确，造成安装和调试的劳动效率降低，调试进度滞后。对设备调试质量、进度没有进行有效监控，对调试结果未进行必要验证，使调试项目的整体评估缺失，只能凭借具体工作报告了解调试的过程。

因此，加强电力企业的调试监督管理非常必要，只有对设备调试过程进行全面监督管理，对最终的调试结果进行必要的验收考核，才能有效实现调试的目标。

（二）重点关注

（1）建设单位应加大自身监督力度，并委托技术监督服务单位在重大节点前开展现场技术监督检查，对调试方案、调试数据、控制逻辑、定值设置以及调试中出现的异常问题进行检查和分析。应重点关注电气保护定值设置、热工联锁保护逻辑设计、热工自动调节品质等内容。同时应制定专项反事故措施，并按照相关标准要求开展机组验收和移交，确保有重要设备缺陷的机组不得移交生产。

（2）对重要节点、重大试验加大监督力度。按照厂用带电－化学制水－锅炉水压试验－化学清洗－锅炉吹管－整套启动的时间轴线，合理安排技术监督服务单位进行监督检查。倒送电前应重点对受电方案进行审查、对安全措施进行审核；送电完成后进行现场确认，并且编写受电后的现场技术管理方案。化学制水系统调试之前应重点对调试方案进行审查，调试期间检查各设备出力及产水水质是否符合技术要求。锅炉水压试验重点核查水压试验用水应符合锅炉水压试验中的相关要求，检查水压试验临时封堵强度计算书，核查光谱、硬度、探伤记录和相关报告。化学清洗监督应审查化学清洗方案并监督系统安装情况，确认清洗系统隔离可靠、化学清洗药品质量合格，对化学清洗过程控制进行现场监督，对化学清洗结束后进行质量检查评定验收。进行锅炉蒸汽吹管时要检查临时管道的安装情况，监督锅炉蒸汽吹管质量，吹管时应采取降噪措施，敏感地区不宜在夜间进行锅炉吹管。机组首次整套启动期间，应对各专业整套启动调试过程中的主要试验方案、试验结果、重要记录进行监督检查，对发现的问题提出更改处理建议。

（3）对调试结束的机组性能试验过程、结果进行监督，对可能遗留的问题提出整改处理意见。建设单位应组织开展机组性能试验方案审查及讨论会，审查机组 RB 试验、一次调频、自动发电控制（AGC）、FCB 等试验方案，组织开展协调控制系统的扰动试验系统调节品质监督和主、辅机性能试验过程监督，组织开展锅炉性能试验、RB 试验、甩负荷、FCB 试验等重大专项试验的报告和主要参数记录检查。对性能试验和专项试验期间锅炉主要参数、受热面的壁温情况进行抽查，对于电网自动化的遥控装置、电测计量等装置或表计的检验报告、传动试验、参数核实试验及电力系统数据网络安全验收进行监督检查。

五、生产运行阶段技术监督管理工作

（一）主要问题

生产运行阶段的技术监督工作是电力技术监督工作的重要环节，是电力技术监督工作中最重要的组成部分。我国电力系统长期以来一直以火力发电机组为主，因此火力发电厂技术监督工作开展非常完备。随着"碳达峰、碳中和"目标的提出，以氢能、光伏、风电、储能等多种形式的新型电站建设不断取得重大进步。但是，与传统火力发电企业完善的技术监督管理体系相比，新型电站的技术监督体系不齐全，部分新能源发电企业甚至没有组建监督网络，技术监督发挥的作用非常有限，难以实现电站"无人值班、少人值守"的要求。

另外，不同地区经济发展形势不同，电力企业盈利能力差别较大，导致企业对监督工作正常开展所需的设备投入和技术投入差别很大。有的企业资金压力大，对于正常更换的备品备件的投入捉襟见肘，设备技改更是无从谈起，造成技术监督问题整改及闭环工作不到位。同时，近年来专业技术人员年轻化态势较为明显，经验不足及技术能力薄弱的现象较为普遍，使得技术监督人员理论水平和实践经验不能满足工作要求，导致电站技术管理工作质量和效率得不到提升。

还有一点值得注意，技术监督一直推行"管理出效益"的做法，坚持从"定期检测、消除缺陷"这两项最根本的工作抓起，目的是发现并消除缺陷。但目前部分专业人员对技术监督工作认识存在下滑趋势，定期工作未能落到实处。

（二）重点关注

应明确各级监督人员的责任，发挥技术监督保障作用，明确技术监督部门责任，并及时根据部门的人员变动情况调整三级网络监督人员，确保监督机制的有效运转。要建立完备的监督机制，从体制上保证监督人员各司其职，责任到人，实现全方位的监管管理；定时召开各项技术监督会议，落实监督计划，切实发挥好各级网络人员的作用，保证电力技术监督体系的规范、有序以及高效运转。

运行阶段监督工作是对电力设备运行状态以及设备的良好状况进行分析，及时排除设备隐患，避免出现损失，它涉及电力生产许多基础性工作，包括技术管理与分析以及设备的状态分析等。各电力企业应贯彻执行电力行业、上级主管单位有关技术监督标准、制度、规程、技术措施等，并制定本企业的技术监督实施细则及技术监督工作计划，按时完成技术监督报表和监督工作总结，并及时上报。

各电力企业技术监督专责人根据标准要求，配置和完善技术监督检测仪器和计量设备，建立健全设备台账和档案，对设备的维护、检修进行技术监督，做好定期校验和计量传递工作。技术监督专责人应掌握本单位监督设备的运行、试验、检验情况，按规定对设备进行监测和试验，对数据进行综合分析，及时发现设备存在的隐患。应将每月和每季度技术监督指标完成情况，在规定时间报送上级主管单位和技术监督服务单位。电力企业应制定本单位的技术监督异常情况告警、整改制度，在收到"技术监督异常情况告警通知单"后，要立即组织安排整改工作，工作必须落实到人，并明确整改完成时间，整改计划要上报上级单位技术监督管理部门。整改工作完成后要将整改结果以文字形式报送上级单位和有关技术监督服务单位。

电力企业应定期组织本单位技术监督人员培训工作。积极参加当地技术监督部门组织的技术监督活动，积极参加技术监督服务单位组织的技术监督相关会议，加强技术交流学习。针对生产过程中发现的共性问题和技术难题组织召开交流会议。同时发挥上级技术监督支持单位在技术监督方面的优势及监督体系中的作用，邀请相关专业技术监督专家对公司技术监督人员进行针对性的培训，不断提高专业人员的技术监督水平。

六、检修技改阶段技术监督管理工作

（一）主要问题

大型电力设备结构复杂，所需的检修工期长，检修期间工序复杂，交叉作业多，检修阶段技术监督工作主要存在以下问题。

一方面，在检修开工前，技术监督负责人对修前技术监督策划不重视，检修期间技术监督项目计划编制工作不规范。技术监督服务单位对检修阶段技术监督工作很少接入，未对检修计划提出修改建议。

另一方面，在检修实施阶段，技术监督网络相关专业人员不能全程参与检修项目全过程和整改项目的验收。技术监督服务单位未对重要检修节点、重大技术改造项目、重要试验、机组启动试验等开展现场节点见证、现场监督。

（二）重点关注

检修前应采用先进的监测技术对设备的运行数据进行监测分析，比对设备历史运行记录和设备特性，确认出设备的健康状态，再进行综合评估，将检修计划的决策建立在掌握设备和进行技术分析的基础上，有目的地进行预防性检修，规避保守的定期检修所带来的检修过度及对健康设备破坏的问题，减少检修成本。

检修中应安排相关生产专业人员或技术监督服务单位专业人员进行设备检修前后各项性能试验工作以及检修期间的各项检查工作，建立完整的检修台账，包括设备基础资料、设备重要等级、运行资料、故障记录、检修项目及处理记录等，形成历史资料。在检修后要进行技术监督专项总结，对监督设备的状况给予正确评估，并总结检修中的经验教训，为后期设备运行状态监督和评价提供详细的参考。

七、设备停运退役阶段技术监督管理工作

（一）主要问题

目前设备停运退役阶段技术监督工作主要存在以下问题。

一方面，技术监督负责人对重要设备的正常停用未形成计划报告，未从技术监督角度对计划报告进行论证。技术监督服务单位参与该阶段技术监督工作不深入，对设备运行状况、寿命状况的掌握、检修计划、退役设备技术鉴定等了解不透彻，未发挥技术支撑保障作用。

另一方面，对设备停用后没有制定相应的保护措施，技术监督网络专业人员未对设备保养缺失、设备加速老化、设备功能丧失、设备处置等风险点进行有效评估。

（二）重点关注

设备在损坏不可修复、寿命耗尽、功能丧失或更新换代、报废或闲置时方可退役。设备需退役时，必须提交详细的技术报告，组织设备运行部门、检修部门、技术管理部门、计划财务部门以及相应专业人员开展评估认定后，方可执行。设备退役时，应在相应技术台账完备记录。设备更新改造必须提交相应技术报告，新设备替换退役设备后，应及时对规程、操作卡、文件包等技术资料进行更新、修正。设备退役后，在变卖处置前可以局部拆卸或修旧利废。设备退役后，厂内确无利用价值时，相关管理部门将根据物资管理、固定资产管理等制度，组织相应评估鉴定，进行后续处置。

第二节 技术监督日常管理主要内容

一、技术监督组织机构管理

（一）目的及意义

企业技术管理组织是众多组织中的一个重要类型，它是由两个或更多的个人在相互

影响与相互作用的情况下，为完成企业共同的目的而组合起来的一个从事经营活动的单位。企业技术管理组织的任务有如下三条：一是规定每个人的责任；二是规定各成员之间的关系；三是调动企业内每个成员的积极性，规范岗位工作。

发电企业技术监督涉及全部电厂和承担相关电厂技术监督服务的电力试验研究院等单位。全面的技术监督管理工作，需要有组织、有计划、有次序地进行和完成各项具体工作任务。因此，必须自上而下、分层、分级地建立各类技术监督网络，明确各级机构，明确各类人员的监督职责和职权以及相互的配合关系。

（二）重点关注

各生产企业是设备的直接管理者，同时也是技术监督的具体执行者，对技术监督工作负直接责任。企业应按照技术监督规章制度的要求，成立技术监督领导小组，并明确各级人员责任。企业监督体系构架由总工程师（或分管生产的副总经理）任组长，其成员由各相关部门负责人和专业监督负责人组成，生产管理部门设专人负责本单位技术监督日常管理工作。企业应根据人员变动及时对领导小组成员和各专业技术监督网络成员进行补充调整。

企业技术监督网络实行三级管理。第一级为厂级，包括副总经理或总工程师领导下的生产技术部门技术监督负责人；第二级为部门（车间）级，包括设备管理部门或运行检修管理部门的技术监督专工或联系人；第三级为班组级。在总工程师（或分管生产的副总经理）领导下，由技术监督负责人统筹安排和协调，共同完成技术监督工作。技术监督负责人对技术监督领导小组负责，各专业技术监督专责人对技术监督负责人负责。技术监督负责人和专责人应由具有较高专业技术水平和现场实际经验的技术人员担任。某火力发电厂大三级监督网络体系如图3-1所示。

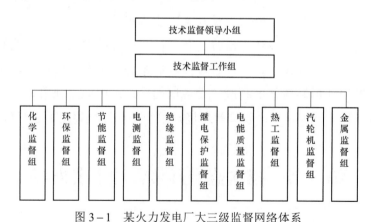

图3-1 某火力发电厂大三级监督网络体系

二、技术监督标准及规章制度管理

（一）目的及意义

电力标准是电力工业安全、稳定生产运行的重要基础性文件，是做好技术监督工作的重要依据。规章制度是电力企业内部的管理规定，是保证企业管理流畅、高效高质开展各项工作的重要支撑。我国标准体系分类主要包括国家标准、行业标准、团体标准和企业标准，企业也可结合自身的设备和人员特点，编制具体的实施细则。我国的技术标准经过多年的发展，在标准覆盖范围、标准数量和标准质量上均取得了显著的成就。当前，电力标准体系完备，标准化管理成果显著，电力行业技术监督工作进入了规范有序发展的新时期。

（二）重点关注

各电力生产企业应将电力生产技术监督标准等资料收集齐全，并保持最新有效。各电力生产企业应按上级单位要求，并根据企业实际情况制定企业技术监督管理制度、技术监督实施细则等制度，建立健全各专业技术监督工作制度、标准、规程，制定规范的检验、试验或监测方法，使监督工作有法可依，有标准对照。

各电力生产企业技术监督专责人应根据新颁布的国家标准、行业标准、规程及上级主管单位的有关规定和受监设备的异动情况，对受监设备的运行规程、检修维护规程、作业指导书等技术文件中监督标准的有效性、准确性进行评估，及时制定运行、检修等规程的年度修编计划，对不符合项进行修订，履行审批流程后发布实施。

三、技术监督工作计划和总结

（一）目的及意义

工作计划是技术监督有效开展的重要保证，工作总结是衡量技术监督成效的重要载体。各级技术监督单位均应在年初发布工作计划，也要在年底编写工作总结。计划分为年度、季度以及月度计划，内容包括定期工作、仪器检定、人员培训、参加会议、标准宣贯以及检修期间的监督计划等。工作总结分为定期工作总结、异常分析总结、大修检查总结和年度技术监督工作总结等。

（二）重点关注

1. 技术监督工作计划

集团公司应制定技术监督工作规划和年度生产目标，并对计划实施过程进行监督。计划要重点体现集团公司层面技术监督管理制度和年度技术监督动态管理要求，能够对二级单位技术监督计划起到指引作用，工作实施过程中根据国家和行业政策导向进行细微调整。

二级单位技术监督工作计划应衔接集团公司和电力企业，并实现动态化管理。每年年初汇总电力企业技术监督工作计划，并上报至集团公司监督管理办公室。

电力企业技术监督专责人每年年底应组织制定下年度技术监督工作计划，报送上级主管单位和技术监督服务单位。电力生产企业技术监督年度计划至少应包括技术监督例行工作计划，检修期间应开展的技术监督项目计划，监督管理标准、技术标准规范制定、修订计划，人员培训计划（主要包括内部培训、外部培训、取证，标准规范宣贯），监督用仪器仪表检定计划，技术监督自我评价、动态检查和复查评估计划，技术监督预警、动态检查等监督问题整改计划，技术监督定期工作会议计划。

2. 技术监督总结

电力企业技术监督专责人每年在技术监督服务单位召开技术监督年会之前（原则上为每年年底之前），编制完成上年度技术监督工作总结，并报送上级生产部门，年度技术监督总结主要应包括主要监督工作完成情况、亮点、经验与教训，设备一般事故、严重缺陷统计分析，存在的问题和改进措施，后续技术监督工作思路及主要措施。

以热工专业为例，年度技术监督总结主要包括以下内容。

（1）年度热工技术监督指标完成情况（汇总）。

（2）与上一年相比，热工技术监督指标出现的差异及其原因分析（提高或降低）。

（3）热工保护动作情况分析。

（4）全年完成的主要工作，取得的主要成绩。

（5）消除的重大缺陷及设备隐患。

（6）计量工作完成情况（检定员、标准器具、计量认证、仪表定检）。

（7）存在的主要问题。

（8）来年热工技术监督工作的重点。

四、技术监督仪器管理

（一）目的及意义

技术监督仪器管理主要指试验仪器、仪表及各种监督用的计量工具的管理。仪器仪表稳定准确是保证火力发电厂安全运行的基础。随着电力工业的发展，电力企业的规模不断扩大，自动化程度日益提高，自动化仪表的重要性与日俱增。因此，有必要建立仪器仪表管理系统，加强发电厂各类仪器仪表管理和维护工作，实现仪器仪表从设备基础数据台账建立、设备校验，到日常维护工作计划的产生、执行、终结，以及校验数据统计分析，检修报告的生成、周期调整、质量评价等全过程实时化、规范化管理。

（二）重点关注

1. 仪器设备管理

（1）企业应建立完备的设备管理制度，仪器管理应符合仪器的布置要求，以保证仪器的精度及其使用寿命，同时完成仪表的防振、防尘、防腐、电压稳定等工作。建立设备维修记录，对自身无能力维修的工作人员，联系相关单位组织维修，并作维修记录。

（2）企业应建立信息管理系统，通过收集现有的信息对档案材料进行分类，维护技术人员也应该收集数据档案，鼓励建立仪器设备管理信息系统，实现计量设备从设备基础数据台账建立、设备校验，到日常维护工作计划的产生、执行、终结，以及校验数据统计分析等规范化管理。

2. 计量监督管理

（1）各单位应编制本单位本年度在用计量器具的周期检定计划，并结合设备大、小修进度安排，编制在用计量器具年度检定计划表，并报生产技术部门审核批准生效。

（2）各单位认真执行周期检定计划，做到不漏检，不误检，严禁计量器具超期使用（超期按失准处理）。各单位计量器具周期检定工作接受生产技术部的监督、检查与考核。

（3）各级计量检定机构的最高计量标准装置应经上一级计量主管部门考核，取得计量标准合格证书后，才能进行量值传递。计量标准实验室应设专人管理，对实验室用标准计量器具、环境条件及检定记录、技术档案等统一管理，建立完整的标准仪器设备台账，做到账、卡、物相符。

3. 量值传递

（1）从事专业计量检定人员，应进行考核取证，做到持证上岗。标准计量器具和设备应具备有效的检定合格证书、计量器具制造许可证或者国家的进口设备批准书，铅封应完整。

（2）新购的检测仪表投入使用前，须经过检定或校准；运行中的检测仪表应按照计量管理要求进行分类，按周期进行检定和校准，使其符合本身精确度等级的要求，达到最佳的工作状态，并满足现场使用条件。

（3）在不影响机组安全运行的前提下，检查和校准可在运行中逐个进行。在运行中不能进行的，则随机组检修同时进行。检测仪表的校准方法和质量要求应符合国家仪表专业标准、国家计量检定规程、行业标准或仪表使用说明书的规定。如无相应的现行标准，应编写相应的校验规定和标准，经批准后执行。

（4）仪表经校准合格后，应贴有效的计量标签（标明编号、校准日期、有效周期、校准人、用途）。

五、技术监督定期工作

（一）目的及意义

技术监督定期工作是在发电设备全寿命周期过程中，由不同的技术监督体系层级根据其职责所开展的具体工作。对于集团公司来说，定期工作包括制定集团公司年度技术监督工作计划、审核二级单位工作计划，定期和国家以及行业有关部门开展技术监督的工作联系，定期组织、推广和应用成熟、可靠、有效的技术监督和故障诊断技术，定期组织对重大技术监督异常情况的研究，并审核解决方案。

二级单位是承接集团公司和电力企业的桥梁。二级单位应制定技术监督工作计划，对所管理电力企业技术监督工作进行指导；定期参与事故调查分析工作，制定反事故措施，并对落实情况进行检查。二级单位应定期组织召开技术监督工作会议，传达上级单位工作的指示和要求，总结工作经验，定期组织对技术监督人员的培训、考核工作。定期对监督报表数据进行分析汇总，并定期上报给集团公司技术监督单位。

电力企业是技术监督工作落地执行单位。电力企业应根据各个专业技术监督标准规定的内容，督促技术监督专业人员定期开展工作。不同业态、不同专业的监督工作存在显著差异，技术人员应根据企业特征全面开展。如新建机组的基建技术监督，已投产机组的运行、检修期间的技术监督，定期填报报表和数据分析监督，定期组织班组技术监督工作会议，定期组织专业问题研讨，定期参加二级单位组织的技术监督年度工作会议等。

（二）重点关注

开展定期工作应做到时间规范性、方法规范性、标准规范性、项目规范性等。考虑到不同企业发电设备差异性，各集团应按照"一厂一策"的要求规范各专业定期工作，以节能专业为例，定期工作表如表 3－1 所示。

表 3－1　　　　　　　　　　节能专业定期工作表

序号	类型	监督工作项目	周期	资料档案
1	节能技术监督管理体系	三级网络建立及更新	每年	节能技术监督三级网络图及组织机构成立文件
2		节能技术监督管理标准修订	每年	标准修订记录及文件
3		节能技术监督相关/支持性文件修订（含技术标准、相关制度）	每年	修订记录及文件
4		月度节能技术监督会议	每月	已签发的会议纪要
5		节能技术监督相关标准规范收集、宣贯	每年	标准规范及宣贯资料
6		节能培训	每年	节能培训记录
7		节能宣传	每年	节能宣传活动材料及总结
8		监督计划的检查考核	每半年	考核通报
9	计划及总结	技术监督报告	每月	技术监督月报（年报）
10		中长期节能规划	每3～5年	规划报告
11		节能中长期规划实施情况总结	每年	规划完成情况总结
12		节能技术监督年度计划	每年	年度计划
13		节能技术监督总结	每年	年度总结
14		机组检修节能技术监督项目计划	检修前4个月	检修节能技术监督项目计划
15		机组检修节能技术监督总结	检修后30天内	检修节能技术监督总结
16		节能培训规划、计划和总结	每年	培训计划和总结
17		能源计量器具检定、检验、校验计划	每年	检定计划
18		节能技术监督动态检查与考核	每半年	迎检资料、检查报告（含自查报告）、问题整改计划、整改结果
19		节能预警问题整改	按计划	整改计划、措施及完成情况
20	运行节能定期工作	生产统计报表	每日、月、年	生产统计报表
21		节能分析与对标	每月	报告
22		节能考核	每月	节能考核资料
23		小指标竞赛及奖惩	每月	指标竞赛管理文件及奖惩兑现记录

续表

序号	类型	监督工作项目	周期	资料档案
24	运行节能定期工作	燃料盘点（含煤、油）	每月	盘点报告
25		入厂、入炉煤机械采样装置投入统计	每月	运行统计月报
26	检修节能定期工作	锅炉受热面、空气预热器（和脱硫系统烟气换热器）传热元件、脱硝催化剂、暖风器、汽轮机通流部分、凝汽器管、加热器、热网换热器、二次滤网、高压变频器滤网、真空泵冷却器等设备的清理或清洗	检修期间	检修记录及检修总结
27		点火装置的检修、维护	检修期间	检修记录及检修总结
28		燃烧器摆角、烟风挡板等控制（执行）机构的检查、维护	检修期间	检修记录及检修总结
29		制粉系统中分离器等易磨损件的检查、维护	检修期间	检修记录及检修总结
30		锅炉本体、烟风道漏风检查（整体风压试验）、处理	检修期间	检修记录及检修总结
31		脱硫喷淋系统、浆液系统、除雾器，脱硝喷氨系统的检查、维护	检修期间	检修记录及检修总结
32		空气预热器（和脱硫系统烟气换热器）密封片检查更换、间隙调整，损坏换热元件的修复、更换	检修期间	检修记录及检修总结
33		吹灰系统检修维护	检修期间	检修记录及检修总结
34		汽轮机通流部分间隙调整	检修期间	检修记录及检修总结
35		汽封检查、调整	检修期间	检修记录及检修总结
36		真空系统查漏、堵漏	检修期间	检修记录及检修总结
37		胶球清洗系统检查、调整	检修期间	检修记录及检修总结
38		冷却塔填料检查更换、配水槽清理、喷嘴检查更换，循环水系统清淤	检修期间	检修记录及检修总结
39		直接空冷机组空冷岛和间接空冷散热器（冷却三角）冲洗	检修期间	检修记录及检修总结
40		热力系统内漏、外漏治理	检修期间	检修记录及检修总结
41		高压加热器水室分程隔板的检查、修复	检修期间	检修记录及检修总结
42		机组保温治理	检修期间	检修记录及检修总结
43		能源计量装置的维护、校验	检修期间	检修记录及检修总结
44		辅机变频器的检查、维护	检修期间	检修记录及检修总结
45		节能技术改造项目可行性研究	每年	节能技术改造可研报告
46		节能技术改造项目完工总结	技术改造后	节能技术改造项目总结报告
47	定期试验	锅炉、汽轮机性能试验	投产后性能考核，A级检修前、后	试验报告
48		主要辅机性能试验（泵、风机、磨煤机、凝汽器、冷却塔等）	投产后性能考核，节能改造前、后	试验报告

序号	类型	监督工作项目	周期	资料档案
49	定期试验	机组优化运行试验：汽轮机定/滑压试验、冷端优化运行试验、锅炉配煤掺烧试验、锅炉燃烧调整试验、制粉系统优化试验、脱硫/脱硝/除尘系统优化运行试验	投产后、设备异动后、煤质发生较大变化后	试验报告
50		锅炉冷态试验	机组投产或重大改造后	试验报告
51		主设备技术改造前、后性能对比试验，如汽轮机通流改造前、后试验，锅炉受热面改造前、后试验	技术改造后	试验报告
52		真空严密性测试	每月	测试报告
53		冷却塔、空冷岛、间接冷却塔监督指标	每月，合适气象条件	测试报告
54		空气预热器漏风率测试	每季	测试报告
55		保温测试	停机检修前、检修后	测试报告
56		全厂能量平衡测试（含热、电、水）	每五年	测试报告
57	定期化验	入厂煤和入炉煤采、制、化	每班	化验报告
58		飞灰取样、化验	每班	化验报告
59		炉渣取样、化验	每周	化验报告
60		煤粉细度化验	每月	化验报告
61		石子煤热值化验	每季/异常时	化验报告
62	定期检定、检验、校验	输煤皮带秤校验	每10天	校验报告
63		轨道衡检定	每年	检定报告
64		汽车衡检定	每半年	检定报告
65		氧量计、一氧化碳测量装置标定	每季度	标定记录
66		关口电能表检定	合格期内	检定报告
67		热计量表计校验	每年	校验报告
68		水计量表计校验	合格期内	校验报告
69	台账	综合技术经济指标和小指标台账	每月	月度指标台账
70		泄漏阀门台账	每月	记录台账
71		能源计量点网络图修订（含煤、油、水、汽、电）及计量器具更新台账	每年	网络图及登记台账
72		主、辅机原始设备资料	投产后	设备设计、运行说明书，主要性能参数
73		回热系统监督检测台账	每月	监测台账
74		主要辅机检修台账	检修时	检修记录，含设备技术改造、缺陷处理
75		凝汽器监督、检测台账	每月	检修记录，含设备技术改造、缺陷处理

六、技术监督指标管理

（一）目的及意义

在发供电设备的质量管理中，指标管理作为技术监督工作的重点内容，各级监督责任人应监督检查对设备健康水平与安全、经济、稳定有重要作用的参数与指标，以确保发供电设备在允许范围或良好状态下运行。目前，发电企业作为指标管理的主要完成者，填报相关数据时易受到诸多非常态因素影响，统计数据的真实性和客观性受到影响；技术监督服务单位作为技术监督管理主体与现场生产脱节，数据收集与分析工作不到位问题长期存在；上级主管单位对于技术监督报送数据的异常，由于缺乏有效手段，很难进行核实和纠正，造成指标统计和分析偏差，影响生产经营精细化管理。

随着各电力集团信息化项目应用程度不断深入，厂级监控信息系统（SIS）、设备状态监测系统、安全生产管理等信息化应用项目在越来越多的公司得到推广，实时生产数据和经营指标获取手段不断完善，借助信息化平台可以有效获得所需相关信息，为指标管理提供了良好的数据支持。技术监督单位和发电企业上级部门在掌握第一手生产指标情况下，通过纵向对标和横向对标等手段，科学、客观、全面地分析判断出运行的经济性、健康状况和安全性，通过在线性能试验、能级耗损分析、通流面积计算等先进的技术手段，可以更大程度地调配相关资源，指导发电企业有序地开展节能增效工作，有效提升生产经营管理水平和企业经济效益。

（二）重点关注

1. 建立技术监督指标体系

通过建立各专业技术监督指标体系，利用指标可以分析企业的经济效果、生产效果和安全效果，从而为提高运行和管理水平提供可靠的依据。此外，通过建立规范的技术监督指标体系，可以使有关部门形成自我评价、自我监督和外部评价、外部监督相结合的有效机制，提高电力系统的整体水平。下面以热工专业为例，主要监督指标如下。

（1）热工保护。

1）主要热工保护投入率为100%（主机保护及主、重要辅机保护）。

2）主要热工保护正确动作率为100%。

注：主、重要辅机指直接对机组安全与负荷有影响的辅机。

（2）模拟量控制系统投入率不小于95%。

（3）AGC的实际负荷变化率、负荷初始响应时间、负荷响应精度。

1）实际负荷变化率不低于当地电网调度部门的要求。

2）实际负荷初始响应时间满足当地电网调度部门的要求。

3）实际响应精度满足当地电网调度部门的要求或合格率不小于 AGC 运行时间的90%。

（4）一次调频正确率与合格率。

1）一次调频动作正确率为 100%（动作方向）。

2）一次调频合格率不低于 80%。

（5）热工仪表。

1）主要热工测点准确率为 100%（与主要辅机、主机的安全及经济直接相关）。

2）主要热工仪表校验率不小于 99%。

2. 技术监督指标管理

各专业应及时统计监督指标的完成情况，按时在月报、季报中上报。技术监督指标不满足国家、行业、企业标准或偏离设计范围的，应按异常告警规定，发出预告警。

二级单位应注重技术监督范围内对各项指标进行量化，重点关注对同类型机组进行技术经济比较、对发供电企业阶段性工作情况进行比较，从而找出差距，不断提高。

加强新技术、新产品在发供电生产中的应用，依靠大数据、信息化、智能化等手段，进一步提升技术监督指标的科学性及准确性。

七、技术监督工作报告管理

（一）技术监督指标月报、季报

（1）电力生产企业技术监督专责人应按照各专业规定的月报格式和要求，组织编写上月技术监督月报，每月定期报送上级单位；上级单位技术监督专责人按时编写完成技术监督月度分析报告，报送上级主管单位，经主管单位审核后，发送至各电力生产企业。定期监督报表的正确统计与报送工作对做好技术监督工作尤为重要。定期监督报表应包含以下主要内容：

1）统计期间各专业监督指标的完成情况。

2）统计期间设备的运行、检修、维护情况。

3）统计期间设备及系统主要缺陷及异常。

4）统计期间设备及装置的投运情况和动作记录。

5）统计期间发生的设备事故分析和处理情况。

（2）电力生产企业技术监督专责人应按照各专业监督标准规定的季报格式和要求，组织编写上季度技术监督季报，每季度首月月初报送上级生产部门或集团技术监督单位。集团公司技术监督单位应分析和总结各下属企业报送的指标异常情况，编辑汇总后在集团公司火力发电技术监督季度报告中发布，供各企业学习、交流。各企业报送的有关资料均应通过企业技术监督负责领导审核批准。

（二）专项报告

专项报告一般指针对某一特定问题的报告，即针对某一特定问题，进行专题详细深入报告。电力生产企业发生重大监督指标异常、受监设备重大缺陷、故障和损坏等事件后 24h 内，技术监督专责人应将事件概况、原因分析、采取措施等情况填写专项报告，报上级生产部门。上级生产部门应分析和总结各电力生产企业报送的专项报告，编辑汇总后在技术监督月度报告中发布，供各电力生产企业学习、交流。各电力生产企业要结合本单位设备实际情况，吸取经验教训，举一反三，确保设备安全运行。

八、技术监督异常告警

1. 概述

电力企业技术监督管理工作中，技术监督范围内的设备、系统出现异常已经达到规程报警指标或接近超标值，应实行监督异常告警管理制度。技术监督异常是指没有按照国家标准、行业标准和企业管理办法相关规定开展技术监督管理、试验、检验等工作，技术监督指标不满足国家和行业标准或偏离设计范围。

技术监督告警制度根据问题的严重程度，采用分级告警。考虑不同企业发电设备差异性，各集团可根据自身管理模式明确各专业技术监督不同等级告警项目。

2. 技术监督告警内容

电力生产企业应明确各专业技术监督告警项目，并将其纳入日常监督管理和考核工作中。当发生下列情况时，发出"技术监督告警通知单"。

（1）技术监督范围内的设备已处于严重异常状态，但仍在运行。

（2）技术监督范围内的设备存在安全隐患，经技术监督指出后，未及时进行整改。

（3）设备的运行数据、技术数据、试验数据有弄虚作假的行为；技术监督月报、季报、技术报告、记录档案或工作总结严重失实。

（4）设备检修及技术改造中存在重要检修项目、试验项目漏项。

（5）连续 3 个月未按要求上报技术监督月度报表、连续两个季度未按要求上报技术监督季度报表。

（6）技术监督设备发生异常情况，未按技术监督制度规定按时上报。

（7）企业有关负责人带头违反技术监督工作制度。

（8）技术监督体系不能正常运行。

（9）技术监督专业人员未进行相关培训，不满足岗位职责要求。

3. 主要告警项目

以汽轮机监督专业为例，主要告警项目如下：

（1）汽轮机轴系振动超标，仍维持机组运行。

（2）汽轮机重要保护，如轴向位移保护、振动保护、真空低保护、油位低保护、超速保护等不能正常投入运行。

（3）汽轮机各监视点蒸汽温度、压力超标。

（4）汽轮机真空值长期超标。

（5）汽轮机本体重要部件，如转轴、叶轮、叶片、轴承、汽缸、隔板、螺栓等未按标准进行金属监督、检测。

（6）汽轮机运行方式调整不符合规程要求。

（7）汽轮机各抽汽止回门、主汽门、调速气门严密性不合格。

（8）盘车装置不能自动投入。

（9）汽轮机危急保安器动作转速不符合标准，不按期进行试验。

4．技术监督告警方式

（1）电力企业内部提出的告警单，整改完毕后，向告警提出专业提交验收申请，经验收合格后，由验收专业填写告警验收单。

（2）技术监督管理服务单位要对监督服务中发现的问题，依据行业及企业要求及时提出和签发告警通知单，下发至相关企业，同时抄报二级单位。

（3）问题严重的"技术监督告警通知单"，其内容应在电力技术监督月报（或季报）中予以通报，以引起重视，起到预防和警示作用。

5．执行与考核

（1）收到"技术监督告警通知单"的单位，要根据告警事项立即组织研究，采取防范处理措施，制定整改计划。告警问题整改完成后，企业按照验收程序要求，向告警提出单位提出验收申请，经验收合格后，由验收单位填写告警验收单，并抄报上级主管单位备案。

（2）签发技术监督异常告警通知单的单位，要负责跟踪异常告警通知单的整改落实情况，并对整改结果进行评估和验收。

（3）技术监督告警制度的执行情况要纳入技术监督检查考核范围。对于在整改期间，未按要求认真进行整改并因此造成事故、扩大事故或延误事故处理的要严肃追究责任。

九、技术监督经验反馈

（一）目的及意义

技术监督经验反馈指的是电力企业及时利用有效的方法对电力企业内外部良好实践进行推广和应用，以及对人因失效和设备缺陷进行分析、评价并加以纠正。经验反馈还包括向行业内其他组织和电站反馈自己企业内得到的经验，以便其他电站及时利用这些经验。经验反馈的目的是防止和避免同类或类似事故、不良事件或低效、无效活动发生；改进组织方法、工艺方案或管理手段，以提高工作质量和效率，提高管理水平和效益，实现管理预期目标。

学习借鉴相关事故经验或良好实践是改进电力企业内部技术监督管理薄弱环节的重要手段，同时将自己相关经验信息及时向业内予以共享，促进行业整体发展和大家共同进步，通过经验反馈工作的规范化、制度化管理，提高电力生产的安全性和经济性，不断提高企业的安全生产管理水平。

（二）重点关注

1．经验反馈的目标和途径

把合适的信息（包括内部、外部信息）在适当的时间内传达给合适的人员知晓，学习吸取经验教训，使电厂安全、可靠、经济运行。经验反馈应该由专门的经验反馈工程师负责，全厂每个人都来参与。经验反馈必须有一个有效的管理平台，可通过安全生产管理系统或状态报告系统来实现，达到改进现场工作、大家共同学习的目的。

2. 经验反馈的使用方法

（1）经验反馈信息的获取渠道。本企业及其他有关单位获取的运行经验和信息主要包括企业内部上报的事故分析报告和良好实践、收集筛选外部事件或有价值的经验教训、其他单位的事故经验和信息等，还可以通过举办和参加企业互访、研讨会、培训班等活动，不断接触国内外最新的管理理念和技术动态，并将这些经验带回到企业，应用到生产实践中。

（2）对信息进行分析与评价。根据事件的严重程度和频度，对筛选后的运行经验和信息加以分析和评价，总结提炼出推荐意见或实施建议，包括：

1）对系统、设备或构筑物进行检查或变更。

2）对管理程序或规程进行修订。

3）对人员进行培训或对培训教材进行改进。

4）改进管理方法。

3. 经验反馈的建立和应用

（1）应有效地吸收本厂及电力行业的运行经验，预防事件的重复发生，全体人员要通过各种形式开展经验反馈工作。

（2）应建立完整的经验反馈管理流程，包括经验反馈事件、报告、分析及纠正行动的执行和跟踪四部分。

（3）应保证足够的开展经验反馈工作所需的各种资源，各级管理层应支持经验反馈工作，以确保经验反馈工作得到有效的开展。定期举行会议对经验反馈工作的有效性、事件的趋势等进行分析。

（4）应确定需分析事件（包括未遂事件）的选择准则，建立事件根本原因分析机制，对事件的根本原因分析要采取科学、客观和坦诚的态度，并对经验反馈信息进行汇总、分析、学习、评估，为后续技术监督工作提供参考。

（5）应广泛吸取外部的运行经验和良好实践，并与其他企业分享自己的经验和教训，积极组织参与各类外部专业技术培训，进一步提升技术监督管理人员水平。

十、技术监督定期工作会议

（一）目的及意义

发电集团、二级单位应定期召开系统内技术监督工作会议，总结上一阶段技术监督工作开展情况，通报行业、系统内外有关技术监督工作信息，同时部署下阶段工作任务。此外，还可分专业召开技术监督交流会，一方面从技术监督指标完成情况、设备缺陷异常及处理、机组非停事故案例分析、技术监督工作存在的主要问题等方面进行总结；另一方面对技术监督相关专题进行研讨和培训，宣贯最新的制度标准，交流和总结专业技术监督开展情况，对典型事件和良好实践进行经验反馈，与各单位参会代表就技术监督的热点、难点问题和今后发展方向进行交流和探讨，确定下一步工作计划。

（二）重点关注

电力企业每年年中、年末各召开一次技术监督工作会议，会议由企业技术监督领导小组组长主持，评估、总结、布置技术监督工作，对技术监督工作中出现的问题提出处理意见和防范措施。各专业每月召开技术监督网络会议，传达上级有关技术监督工作的指示，听取各技术监督网络成员的工作汇报，分析存在的问题并制定、布置针对性纠正措施，检查技术监督各项工作的落实情况。以节能专业为例，月度例会主要内容包括：

（1）主要技术经济指标完成情况。

（2）上次监督例会以来节能监督主要工作的开展情况。

（3）影响节能指标存在的主要问题及解决措施、方案。

（4）上次监督例会提出问题整改措施完成情况的评价。

（5）技术监督标准、相关生产技术标准（措施）、规范和管理制度的编制、修订情况。

（6）技术监督工作计划发布及执行情况、监督计划的变更。

（7）集团公司技术监督季报，监督简讯，新颁布的国家、行业标准规范，监督新技术学习交流。

（8）节能监督需要领导协调和其他部门配合和关注的事项。

（9）至下次监督例会时间内的工作要点。

十一、建立健全监督档案

（一）目的及意义

监督档案管理是技术监督基础管理的一项重要内容。监督档案包括受监设备的基础技术资料以及运行中大量的日常监督数据，其描述和记载了技术监督活动及其成果，是开展技术监督各项工作的重要依据和必要条件。做好技术监督档案管理，对于完善技术监督管理体系，提高技术监督水平具有重要意义。

（二）重点关注

1. 技术监督档案内容

技术监督档案可分基建阶段和生产阶段档案两部分。基建阶段技术监督档案主要包括技术监督各项台账、档案、规程、标准、制度和技术资料、主设备出厂试验和交接试验报告、基建移交技术资料等。这些档案主要涉及电站设计、选型、制造、安装、调试环节的重要信息，是后续开展各项技术监督工作的基础。

生产阶段技术监督档案主要包括设备运行维护记录、检修记录、试验报告、事故处理记录、技术监督计划及技术监督指标定期统计报表等。这些档案是企业生产阶段运行、检修、技术改造环节的重要记录，是对各项生产活动的监控。

日常工作中主要关注以下两点：

（1）做好设备档案和图纸资料的管理。图纸资料不齐全或版本不对，造成检修维护的失误屡见不鲜，经常会引起更大的设备损坏或人身伤害。做好检修设备档案归档，技术改造项目的图纸资料的修改、整理，是做好技术监督工作的基础。

（2）做好日常监督数据的整理和归档，保证数据的完整性和连续性，以掌握设备运行情况，方便以后判断、分析以及处理设备故障。

2. 技术监督档案管理要求

（1）技术监督档案管理应根据专业安排专人管理。由专责人建立本专业监督档案资料目录清册，并及时更新；根据监督组织机构的设置和设备的实际情况，明确档案资料的分级存放地点，并指定专人整理保管。同时，应运用多种技术手段相结合的方式，实现档案管理的信息化。

（2）技术监督专责人应按照上级单位规定的技术监督资料目录和格式要求，建立技术监督各项台账，健全档案、规程、制度和技术资料内容，确保技术监督原始档案和技术资料的完整性和连续性。各专责人应根据自身专业特点，不断完善包括规章制度、规程标准、设备台账等内容的技术档案。技术档案按照横向和纵向进行分类整理，横向按设备所在区域和系统进行整理，纵向则按时间阶段和专业进行整理。技术监督服务单位和电力生产主管单位应将电力行业技术监督标准、规范收集齐全，并保持在用版本为最新的有效版本。

十二、人员培训及持证上岗管理

（一）目的及意义

技术监督是一项专业性很强的过程控制，是一个综合分析过程，所以要求参与者的技术素养较高。监督人员需要具备较高的技术水平和现场经验，不仅要求发电企业在组建技术监督网络时应充分考虑各监督专责人的专业能力，同时要更加注重后期对监督人员的培训。

（二）重点关注

1. 持证上岗管理

对于从事技术监督相关工作的专业技术人员，特殊专业岗位应符合国家、行业和上级单位明确的上岗资格要求，各电力生产企业应将人员培训和持证上岗纳入日常监督管理和考核工作中。从事电测、热工计量检测、化学水处理、水分析、化学仪表检验校准和运行维护、燃煤采制化和电力用油气分析检验、金属无损检测人员等，应通过国家或行业资格考试并获得上岗资格证书。

2. 人员日常培训

取证培训主要着眼于各专业电力技术监督人员基本技术能力的建立，除此之外，还通过其他培训形式及时地向技术监督人员传递一些新标准的修订及变化、新技术的变革与发展、新材料的开发及应用、新问题的分析及处理等与电力技术监督工作密切相关的知识与经验。如上级单位、技术监督单位、电力企业内部定期组织技术监督和专业技术人员培训，重点学习宣贯新制度、标准和规范，新技术、先进经验和反事故措施要求。

其他的如网络课堂、员工讲堂、典型事故分析会等都是开展技术监督培训的重要形式，有助于技术监督人员开阔视野，丰富监督经验，吸取典型事故的教训，对提高企业技术监督水平颇有裨益。

对于新建机组，往往人员经验不足，更需要重视监督人员的能力培训。基建阶段要创新传统培训模式，首先提前制定学习计划，定期组织培训，结合设备到货或现场设备安装情况，要求各专业技术监督人员都要开展专题技术讲课，培训内容要结合《防止电力生产事故的二十五项重点要求》（国能安全〔2014〕161）、隐患排查、基建质量共性问题等内容；其次分批组织各级技术人员到设备生产厂家或相同设备使用单位进行专题调研、监造学习，增长专业知识、借鉴好的专业管理模式，扎实抓好专业知识理论培训工作，促进队伍素质整体提升，为开展现场技术监督工作奠定基础。上级管理单位也可适时组织相关技能技术培训，定期组织开展交流和研讨。

第四章

电力专业监督与设备设施监督

本章要点

1. 不同业态的技术监督专业划分。
2. 专业监督、设备监督的工作范围。
3. 专业监督、设备监督的重点工作内容。

第一节　技术监督专业划分及工作范围

一、技术监督专业划分

发供电企业的技术监督工作是分专业开展的。同一项专业监督在发供电侧、在不同的电站业态中，面向具体设备差异较大，但一般意义上的工作范围和工作内容大致相同。这是 DL/T 1051《电力技术监督导则》进行专业划分的依据。

DL/T 1051《电力技术监督导则》将技术监督项目划分为 11 项专业监督和 6 项设备设施监督。11 项专业监督分别是电能质量监督、绝缘监督、电测监督、继电保护监督、调度自动化监督、励磁监督、金属监督、化学监督、热工监督、节能监督、环保监督；6项设备设施监督分别是电气设备性能监督、汽（水）轮机监督、锅炉监督、燃气轮机监督、风轮机监督和建（构）筑物监督。

随着能源技术的发展，集成煤气化联合循环发电系统（Integrated Gasification Combined Cycle，IGCC）、核电厂、光伏电站、光热电站、垃圾发电厂、生物质发电厂、压缩空气储能电站、飞轮储能电站、电化学电池储能电站、氢燃料电池电站（氢气储能电站）、电磁储能电站等发电或储能电站已经或将成为电力系统的重要组成部分。针对这些电站的技术监督已经或将成为电力生产中的重要工作内容。因而有必要参照 DL/T 1051 对这些电站的技术监督工作进行专业划分。

在划分专业时，不仅要考虑电站业态，还必须考虑沿袭现有的实际执行情况。在实际执行绝缘监督时，与 DL/T 1051 的规定不同，其工作内容实际还包含了电气设备性能监督的工作内容。实际执行过程中，锅炉监督的工作内容一般拆分至金属和节能两项监督之中，而金属监督必然涵盖压力容器的相关内容，汽轮机监督往往还包含对旋转设备的监督。实际执行时，各专业的工作范围应根据本企业实际情况，执行标准不低于 DL/T 1051。对不同电站业态的技术监督工作进行专业划分，如表 4-1 所示。

表 4-1　　　　　　　　　　不同电站业态的专业划分

电站业态	共有专业		独有专业
燃煤发电厂	绝缘、继电保护、电测、电能质量、监控自动化（热工）、化学、金属（和压力容器）、节能、环境保护和建（构）筑物监督 10 个专业	汽轮机及旋转设备、励磁	
燃气-蒸汽联合循环发电厂			燃气轮机
IGCC 发电厂			燃气轮机、煤气化系统
垃圾发电厂			
生物质发电厂			
光热电站			光热系统
核电厂			核岛
水电厂		励磁	水轮机
风电场			风轮机
光伏电站			光伏组件和逆变器
压缩空气储能电站		汽轮机及旋转设备	压缩空气系统
飞轮储能电站			飞轮
电化学电池储能电站			电池
氢燃料电池电站			燃料电池

二、专业监督的工作范围

（一）电能质量监督

电能质量监督就是依据国家、行业和集团公司、分子公司标准、规章制度和有关要求，对电力系统内影响电能质量的各个环节进行全过程的监督与管控。通过对生产过程中相应的电能指标、电能参数和试验数据的监督，来判断发供电设备的健康水平、运行状况，以尽早发现用电设备或生产过程的异常，从而进行调整或检修维护，达到对事故的超前预判和超前控制，避免异常事故的发生。电能质量技术监督范围包括电压偏差、频率质量、谐波和三相不平衡度等技术参数的监测统计及管理，具体到发电企业：

1. 在规划设计阶段需开展

（1）电压偏差监督包括发电机组无功调整能力、变压器调压能力、电压监测设备。

（2）频率质量监督包括发电机频率调节能力、频率监测设备。

（3）谐波和三相不平衡度监督。

2. 在运行阶段需开展

（1）电压偏差监督包括电压偏差限值、电压及无功调整、电压监测与统计。

（2）频率质量监督包括频率偏差限值、频率调整、频率监测与统计。

（3）谐波及三相不平衡度监督。

（二）绝缘监督

绝缘监督就是依据国家、行业和集团公司、分子公司标准、规章制度和有关要求，对电力系统内影响发供电设备绝缘水平的各个环节进行全过程的监督与管控。通过有效的测试和管理手段，对高压电气设备绝缘状况和影响绝缘性能的污秽情况、接地装置状况、过电压保护等进行全过程监督，不断提高设备的健康水平，确保高压电气设备在良好绝缘状态下运行，防止和消除绝缘事故。绝缘监督范围包括 100MW 及以上容量的发电机，额定电压 6kV 及以上的变压器、电抗器、互感器、开关设备、组合电器、耦合电容器、套管、绝缘子、电力电缆、电动机、金属氧化物避雷器、封闭母线、接地装置等，以及进行电器设备检测的高压试验仪器、仪表和绝缘工器具。其中：

1. 甲类电气设备

（1）220kV 及以上电压等级的变压器、电抗器、组合电器、断路器、互感器、避雷器、耦合电容器、绝缘子、母线、隔离开关、接地装置和穿墙套管。

（2）100MW 及以上容量的发电机。

（3）100MW 及以上容量的发电机出口断路器、避雷器、互感器、高压厂用变压器、励磁变压器、发电机中性点消弧线圈、发电机封闭母线。

（4）110kV 及以上电压等级的电力电缆。

2. 乙类电气设备

（1）66～110kV 电压等级的变压器、组合电器、断路器、互感器、避雷器、耦合电容器、绝缘子、母线、隔离开关、穿墙套管、接地装置。

（2）50MW 及以上至 100MW（不含 100MW）容量的发电机。

（3）50MW 及以上至 100MW（不含 100MW）容量的发电机出口开关、避雷器、互感器、高压厂用变压器、发电机中性点消弧线圈。

（4）500kW 及以上容量的电动机。

（5）35～66kV 电压等级的电力电缆。

3. 其他设备

除甲、乙类电气设备以外的高压电气设备、直流系统。

（三）电测监督

电测监督就是依据国家、行业和集团公司、分子公司标准、规章制度和有关要求，通过有效的测试和管理手段，对发供电系统的电测仪表和电能计量装置、变换设备及性能、量值传递和溯源，开展从设计审查、设备选型、设备订购、安装调试、现场验收、运行维护、周期检定、现场抽测、技术改造等全方位、全过程的监测与管控，保证电测量量值传递准确、可靠。

电力企业电测技术监督对于协调供用电双方工作关系发挥着关键性作用，其电能计量性能直接关系到供用电双方的切身利益，因此也成为发供电企业以及用电企业关注的焦点，在一定程度上，加强电测技术监督显得尤为重要。

电测技术监督的工作范围包括：

（1）直流仪器仪表。

（2）电测量模拟指示仪器仪表、模拟式万用表。

（3）电测量数字仪器仪表，包括数显电测量仪表、数字多用表、钳形电流表。

（4）电测量记录型仪器仪表，包括统计型电压表。

（5）电能表，包括最大需量电能表、分时电能表、多费率电能表、多功能电能表、标准电能表等。

（6）电能表检定装置、电能计量装置，包括电力负荷监控装置。

（7）电流互感器、电压互感器，包括测量用互感器、标准互感器、互感器检验仪及检定装置、负载箱。

（8）变换式仪器仪表，包括电测量变送器。

（9）交流采样测量装置。

（10）电测量系统二次回路，包括 TV 二次回路压降测试装置、二次回路阻抗测试装置。

（11）电测计量标准装置。

（12）电阻表，包括电子式绝缘电阻表、模拟式绝缘电阻表、接地电阻表。

为确保电测技术监督工作有效开展，要求从事电测技术监督工作人员熟悉和掌握相关的规程、标准，建立健全技术监督管控网络，建立健全技术资料档案，将电测技术监督管理贯穿于设计、选型、安装、调试、运行、维护、评价全过程。

（四）继电保护与安全自动装置监督

继电保护与安全自动装置监督，就是依据国家、行业和集团公司、分子公司标准、规章制度和有关要求，对电力系统内影响发供电系统及设备安全稳定运行的继电保护、安全自动控制进行全过程的监督与管控。按照依法监督、分级管理原则，对继电保护系统与设备，二次回路的设计、选型、安装、调试、运行、维护、评价进行全过程监督，对其运行状态进行巡视检查、整定、调整、消缺，使之经常处于完好、准确、可靠状态，满足系统运行需要。

继电保护与安全自动装置技术监督范围包括用于电力系统设备的电气量和非电气量继电器、电力系统的继电保护装置（各种线路和元件保护以及自动重合闸、备用电源自动自投装置、故障录波器）、安全自动装置及其二次回路（继电保护用的公用电流电压回路、直流控制和信号回路、保护的接口回路等）、直流系统等的性能指标、健康状况。

（1）继电保护装置。其包括发电机、变压器、电动机、电抗器、母线、输电线路、电缆、断路器等设备的继电保护装置。

（2）安全自动装置。其包括发电机励磁调节装置、自动同期装置、厂用电快切装置、备用设备及备用电源自动投入装置、稳控装置、自动重合闸、故障录波装置、故障信息子站、厂站测控单元及其他保证系统稳定的自动装置。

（3）控制屏、信号屏与继电保护有关的继电器和元件。

（4）继电保护、安全自动装置的二次回路。

（5）继电保护专用的通道设备。

（6）继电保护试验设备、仪器仪表。

（7）直流系统。

（五）励磁监督

励磁系统监督就是依据国家、行业和集团公司、分子公司标准、规章制度和有关要求，按照分级管理的原则，对发电机励磁系统各环节的规划、设计、选型、制造、安装、调试、生产运行、检修维护、改造等进行全过程的监督与管控，对其运行状态进行检查、整定、调整、消缺，使之经常处于完好、准确、可靠状态，满足系统运行需要。

励磁系统技术管理工作的目的是确保发电机励磁系统满足技术标准和技术合同的规定，满足发电厂和电网的技术要求，并减少励磁系统故障，提高发电机和电力系统安全稳定性。

发电机励磁系统对电网安全稳定尤为重要。各基层企业应严格按照行业归口的原则，在加强内部监督管理的同时，接受当地电力公司调度部门的监督管理。

发电厂励磁监督的工作范围包括：

（1）励磁机和副励磁机（适用于多机励磁系统）。

（2）励磁变压器（适用于自并励励磁系统）。

（3）手动和自动励磁调节器。

（4）功率整流装置（含旋转整流装置）。

（5）灭磁和过电压保护装置。

（6）起励设备。

（7）转子滑环及电刷。

（8）励磁设备的通风及冷却装置。

（9）励磁系统相关保护、测量、控制及信号等二次回路。

（六）金属监督

金属监督就是依据国家、行业和集团公司、分子公司标准、规章制度和有关要求，对发电企业在电力生产全过程中所涉及的与受监金属部件相关的金属材料与焊接材料、焊接安装、检验检测、缺陷分析、寿命评估等进行过程监控与质量管理。其主要目的是通过对受监部件的检验和诊断，及时了解并掌握设备金属部件的质量状况，防止在机组设计、制造、安装中出现与金属材料相关的问题以及运行中材料老化、性能下降、工况与应力不当等引起的各类设备故障，减少机组非计划停运次数和时间，提高设备安全运行的可靠性，延长设备的使用寿命。金属监督的工作范围如下。

（1）火力发电站的高温高压部件。其主要包括工作温度大于或等于 400℃的高温承压部件（含主蒸汽管道、高温再热蒸汽管道、过热器管、再热器管、集箱和三通）以及与管道、集箱相连的小径管，工作温度大于或等于 400℃的导汽管、联络管，工作压力大于或等于 3.8MPa 的汽包、直流锅炉的汽水分离器及储水罐，工作压力大于或等于 5.9MPa 的承压汽水管道和部件（含水冷壁管、省煤器管、集箱、减温水管道、疏水管道和主给水管道），工作温度大于或等于 400℃的螺栓，工作温度大于或等于 400℃的汽缸、汽室、主汽门、调速汽门、喷嘴、隔板、隔板套和阀壳。

（2）火力发电站的高速转动部件。其主要包括汽轮机大轴、叶轮、叶片、围带、轴瓦和发电机大轴、护环、风扇叶、集电环。

（3）火力发电站的重要承重部件。其主要包括大板梁、主立柱等锅炉钢结构。

（4）压力管道。其主要包括 300MW 及以上火力发电机组带纵焊缝的低温再热蒸汽管道，符合 DL/T 785 规定的中温中压管道、特殊管道及部件，符合 TSG D0001《压力管道安全技术监察规程工业管道》规定的压力管道及其安全附件。

（5）压力容器。主要包括符合 TSG 21《固定式压力容器安全技术监察规程》规定的压力容器及其安全附件。

（6）水力发电站的水轮机主要部件。其主要包括大轴、转轮（桨叶）、泄水锥、转轮室（排水环）、导叶及操动机构（包括连杆、转臂、控制环、接力器、重锤吊杆吊耳）、蜗壳、管型座、顶盖、座环、底环、基础环、尾水管里衬等及其附属结构件。

（7）水力发电站的发电机主要部件。其主要包括大轴、转子中心体和支臂、上下机架、灯泡头、推力轴承（包含推力头、卡环、镜板）、风扇叶片、制动环、挡风板等及其附属结构件。

（8）水力发电站的螺栓紧固件。其主要包括大轴连接螺栓、转轮连轴螺栓、推力轴承抗重螺栓、导轴承抗重螺栓、励磁机定子连接螺栓、励磁机法兰连接螺栓、发电机转子磁轭拉紧螺栓、转子轮臂螺栓、机架把合螺栓、基础螺栓、顶盖螺栓、主轴密封螺栓、蜗壳和尾水人孔门螺栓、转轮室连接螺栓等。

（9）水力发电站的闸门、拦污栅、压力钢管、进水阀门及其附属结构件以及各类气、水、油管道。

（10）风力发电场的塔架及附件。其主要包括塔筒、连接法兰、爬梯、平台、提升装置、电缆固定支架、连接用六角、大六角高强度紧固件。

（11）风力发电场的机舱和风轮。其主要包括机舱底盘，齿轮箱、主轴、轮毂、轴承、联轴器，刹车装置、偏航制动装置的金属部件，液压系统的金属管道、压力容器，连接用六角、大六角、双头高强度紧固件。

（12）风力发电场架空输电线路铁塔。其主要包括角钢、焊缝、连接紧固件。

（七）化学监督

化学监督就是依据国家、行业和集团公司、分子公司标准、规章制度和有关要求，对发电企业的化学系统及设备在设计、设备选型、基建安装、生产运行等全寿命周期内进行监督与管控，对水、汽、油、气、燃料等进行质量监督，防止和减缓热力系统腐蚀、结垢、积盐及油质劣化，及时发现变压器等充油（气）电气设备潜伏性故障，指导锅炉安全经济燃烧、核实煤价、计算煤耗、核算污染物排放量等，最终提高设备的安全性，延长使用寿命，提高机组运行的经济性。化学技术监督的工作范围如下。

（1）火力发电厂化学水处理设备和物资。其主要包括原水预处理设备、化学水处理设备、循环水加药和排水处理设备、凝结水精处理设备、中水深度处理设备、在线化学仪表。定期对大宗化学生产物资进行入厂质量验收，包括水处理用酸碱、混凝剂、阻垢剂、杀菌剂、还原剂等，炉内加药处理用氨水、氢氧化钠、磷酸盐，循环水用阻垢缓蚀剂等。

（2）火力发电厂汽水品质。火力发电厂热力系统各环节水汽品质，包括机组补水、凝结水、凝结水精处理出水、除氧器给水、省煤器给水、炉水、饱和蒸汽、过热蒸汽、疏水、定子内冷水、闭式循环水、循环水品质。应满足相应监督导则要求，应重点对异常数据进行监督和分析，并结合系统流程进行故障分析与诊断处理。

（3）火力发电厂油气品质。对新采购的油脂、六氟化硫气体开展质量验收，对润滑油、液压油、密封油、绝缘油等油脂和六氟化硫气体、氢气等气体进行品质监督，对油处理设施效率进行监督和分析，监督补油前不同牌号油质相容性。

（4）火力发电厂燃料品质。对入厂（入炉）煤开展采样监督、制样监督和煤质检测监督，开展煤场存煤的质量监督，对入厂（入炉）煤联合采样机性能试验进行监督与评价。对燃料油开展相关燃料特性质量监督，对生物质电站所用生物质燃料进行燃料特性质量监督，对垃圾环保电站所有生活垃圾进行燃料特性监督，对燃气轮机电站所用天然气进行质量监督。

（5）水力发电站油气品质。化学监督的工作范围包括绝缘油（气）、润滑用油（脂）、液压油和冷却介质的品质等。

（6）光伏、风力发电油气品质。对于风电场来说，化学监督的工作范围包括绝缘油、润滑油（脂）、液压油、冷却液和 SF_6 气体的质量，具体包括变压器绝缘油、开关 SF_6 气体、风力发电机组各种专用润滑油、水内冷系统的冷却水等。光伏电站化学监督的工作范围包括绝缘油和 SF_6 气体的质量等。

（八）热工监督

热工监督就是依据国家、行业和集团公司、分子公司标准、规章制度和有关要求，对发电企业的热工仪表及控制系统在电力生产全过程中的性能和指标进行过程监控与质量管理，保障发电设备安全、经济运行。热工技术监督的工作内容包括对热工测量仪表、装置、变换设备，热工计量标准，分散控制系统（DCS），热工自动调节系统和保护联锁系统，环保烟气排级连续监测系统（CEMS）仪器仪表等全过程进行监督。热工监督主要范围如下。

（1）对燃煤机组热力系统的热工参数进行参数检测及监视控制的装置统称为热工仪表及设备。其主要包括检测元件（温度、压力、流量、转速、振动、物位、火焰、氧量、煤量等物理量及其他的一次元件）；脉冲管路（一次门后的管路及阀门）；二次线路（补偿导线、补偿盒、热控电缆及槽架和支架、二次接线盒及端子排）；二次仪表及控制设备（显示仪表、数据采集装置、智能前端、调节器、执行器、热控电源和气源等）；保护、联锁及工艺信号设备（保护或联锁设备、信号灯及音响装置等）；汽轮机监视仪表；过程控制计算机（PCS）、可编程序控制器（PLC）等计算机控制设备；热工计量标准器具及装置。

（2）对燃煤机组及热力系统生产工艺过程进行调节、控制、保护与联锁的装置称为热工控制系统。其主要包括数据采集监控系统（DAS）；模拟量控制系统（MCS）；保护、联锁及工艺信号系统；顺序控制系统（SCS）；炉膛安全监控系统（FSSS）；数字式电液控制系统（DEH）；汽轮机紧急跳闸系统（ETS）；汽轮机安全监视系统（TSI）；机炉辅机控制系统；高低压旁路控制系统；脱硫及脱硝控制系统、厂级监控信息系统等。

（3）对于水力发电厂来说，监控自动化监督的工作范围包括计算机监控系统、远程控制及通信系统、调度自动化系统、电厂主辅机控制系统、检测和控制设备等。

（4）对于风力发电场来说，监控自动化监督的工作范围包括发电监控系统（含升压站监控系统、风力发电各分系统监控装置）、风功率预测系统、与调度运行相关的自动化系统［含远动终端设备（RTU）、电能量计费系统、同步相量测量装置（PMU）、有功功率自动控制系统、无功功率控制系统等］的性能以及电力调度数据网络安全等。

（5）对于光伏电站来说，监控自动化监督的工作范围包括发电监控系统（含升压站监控系统、光伏发电各分系统监控装置）、光功率预测系统、与调度运行相关的自动化系统（含远动终端设备RTU、电能量计费系统、同步相量测量装置PMU、有功功率自动控制系统、无功功率控制系统等）的性能以及电力调度数据网络安全等。

（九）节能监督

节能监督就是依据国家、行业和集团公司、分子公司标准、规章制度和有关要求，采用技术措施或技术手段，对发电厂在规划、设计、制造、建设、运行、检修和技术改造过程中有关能耗的重要参数、性能和指标进行监测、检查、分析、评价和调整，做到合理优化用能，降低资源消耗。其目的是以质量监督为中心，对与发电厂经济性有关的设备及管理工作进行监督，涵盖进、出用能单位计量点之间的能量消耗、能量转换、能量输送过程的所有设备、系统，使企业的煤、电、油、水、汽等消耗指标达到最佳水平。对于燃煤机组，节能监督主要包括对锅炉经济技术指标、汽轮机经济技术指标、节电指标、节水指标、燃料指标等的监督，节能监督工作范围如下。

（1）锅炉经济技术指标监督包括锅炉热效率、主蒸汽压力、主蒸汽温度、再热蒸汽温度、排烟温度、灰渣可燃物含量、石子煤量和热值、运行氧量、空气预热器漏风率、吹灰器投入率、煤粉细度、制粉系统漏风系数、减温水投入量等。

（2）汽轮机经济技术指标监督包括热耗率、汽轮机主蒸汽压力、主蒸汽和再热蒸汽温度、汽轮机缸效率、给水温度、高压加热器投入率、加热器端差、凝汽器真空度、真空系统严密性、凝汽器端差、凝结水过冷度、胶球清洗装置投入率、收球率、阀门泄漏率、水泵组的经济运行效率、湿式冷却塔的冷却能力、冷却幅高、直接空冷系统性能等。

（3）节电指标监督包括电动机能效限定值、电动机综合效率、辅助设备耗电率、非生产耗电率等。

（4）节水指标监督包括化学自用水率、汽水损失率、水灰比、循环水浓缩倍率、循环水排污回收率、工业水回收率、贮灰场澄清水的回收、冷却水塔飘滴损失水率、供热输水管网补水率等。

（5）燃料指标监督包括燃料检斤率、入厂煤与入炉煤热量差、煤场存损率等。

（十）环保监督

环保监督就是依据国家法律、法规，按照国家和行业的标准，利用先进的测量手段及管理方法，在电力工程基建期和生产期，对环境保护设施健康水平及安全、稳定、经济运行有关的重要参数、性能、指标进行监督、检查、调整、评价，以保证其在良好状态或允许范围内运行；对污染物排放进行监督及检查，确保其达标排放。环保监督工作范围如下。

（1）火力发电厂基建期环境保护监督至关重要。应进行建设项目环境影响评价和审批文件监督、建设项目环境保护措施的有效性监督、施工期废水噪声无组织排放等控制措施和固体废物（危险废物）管理监督、建设项目环保措施"三同时"监督（即建设项目中防治污染的措施，必须与主体工程同时设计、同时施工、同时投产使用）、排污许可证申请、项目环保竣工验收监督等。火力发电企业生产期环境保护技术监督应从火力发电企业通过竣工环保验收时开始，对发电机组在运行阶段的原料、环境保护设施及污染物排放等进行监督，包括燃料、水、脱硫剂、脱硝剂等原料，除尘设施、脱硫设施、脱硝设施、废水处理设施、在线监测系统、噪声治理设施等，贮灰（渣）场、储煤场、制氨区（包括液氨、尿素、氨水等）、粉煤灰（渣）综合利用现场等无组织排放源的监督，以及烟气、废水、厂界噪声、固体废物、工频电场、工频磁场、无组织排放、SF_6等的监督。

（2）水力发电厂基建期环境保护技术监督主要内容是建设项目环境影响评价和审批、项目环境保护措施的有效性、建设项目环保措施"三同时"、施工期生态环境保护及水土保持、施工期废水噪声无组织排放等控制措施和危废管理、建设项目环保竣工验收等。运行期主要内容是用电设备及系统的噪声和工频电磁场的控制，生活污水和固体废弃物的处理，固体废物（危险废物）储存、处理和处置，库区生态、水土保持、生态流量、水生生物及电厂的环境现状评价。

（3）风力发电场基建期环境保护技术监督主要是建设项目环境影响评价和审批、可研中环保措施有效性、环保治理措施"三同时"、施工期生态环境保护及水土保持、建设项目环保竣工验收等。运行期环境保护监督的工作范围包括生活污水处理和排放，固体废物（危险废物）储存、处理和处置，噪声、光影、水土保持等环境影响评价。

（4）光伏电站基建期环境保护技术监督主要是建设项目环境影响评价和审批、可研中环保措施、建设项目环保措施"三同时"、施工期生态环境保护及水土保持、建设项目环保竣工验收等。运行期环境保护监督的主要内容包括生活污水处理、水土保持及对野生动物的影响等。

（5）为确保环保技术监督工作有效开展，要求从事环保技术监督工作人员熟悉和掌握相关的规程、标准，建立健全技术监督管控网络，建立健全技术资料档案，将环保技术监督工作贯穿于设计、选型、安装、调试、运行、维护、评价全过程。

（十一）汽轮机监督

汽轮机监督就是依据国家、行业和集团公司、分子公司标准、规章制度和有关要求，采用技术措施或技术手段，对发电企业汽轮机及重要辅机设备在电力生产过程中的安全和经济指标进行过程监控与治理管理，提高其可靠性和经济性。汽轮机技术监督的工作内容包括汽轮机本体、重要辅机及主要热力系统的技术状况，运行可靠性及检修质量。汽轮机监督工作范围如下。

（1）对燃煤机组汽轮机技术监督包括汽轮机主机振动，机组大修过程中低压转子叶片测频，调节保安系统、调节及润滑油系统所涉及的本体设备和附属系统。

（2）对燃煤机组旋转设备技术监督包括燃煤机组中的送风机、引风机、脱硫增压风机、给水泵、凝结水泵、循环水泵及拖动风机或给水泵汽轮机轴系振动。

（3）对燃煤机组主机的振动监测主要包括各轴承的振动，在监测过程中也要关注轴瓦的金属温度、轴承油压（顶轴油压）和回油温度，机组的负荷（或转速），蒸汽参数，真空，转轴晃度，转子轴向位移，汽缸膨胀、胀差，润滑油压力、温度等参数。

（4）对燃煤机组汽轮机本体监测主要包括通流部分的间隙、各轴承数据、汽缸主要金属温度、缸体中分面严密性、转子弯曲值、裂纹监测、第一级的冲刷腐蚀情况、隔板变形情况等。

（5）对燃煤机组的调节系统监测主要包括基本功能监测、静态调整和试验、调速系统仿真试验、超速试验、汽门活动试验、抽汽止回门活动试验、汽门严密性试验、汽轮机危急遮断系统（ETS）保护试验、危急保安器（若有）注油试验、大联锁试验、机组快速甩负荷（FCB）试验以及油系统监测。

（6）水力发电站水轮机技术监督范围主要包括水轮机导水机构、转轮、蜗壳、顶盖、尾水管、主轴与轴承、调速器系统以及机组状态监测。

（7）垃圾环保电厂汽轮机技术监督包括汽轮机主机振动、机组大修过程低压转子叶片测频、调节保安系统、调节及润滑油系统所涉及的本体设备和附属系统。

（十二）锅炉监督

锅炉监督就是依据国家、行业和集团公司、分子公司标准、规章制度和有关要求，以安全性、节能减排为中心，建立有效的管理制度，采取必要的技术手段，在锅炉设备及系统的设计、制造、安装、运行、检修及试验全过程中进行监察和督促，提高锅炉设备运行的安全性、环保性、经济性、可靠性，防范锅炉主辅设备事故的发生。锅炉技术监督的工作内容包括锅炉本体、重要辅机及主要附属设备的技术状况、运行可靠性及检修质量、锅炉效率和节能的全过程监督和管理；实现对锅炉设备重要参数、性能指标等的监测与控制。锅炉技术监督工作范围如下。

（1）锅炉监督包括对锅炉本体及其附件，锅炉尾部受热面（含排烟余热回收利用系统），汽水系统，锅炉风机及风烟系统，磨煤机、制粉及燃烧系统，除灰渣系统，输煤系统，空气预热器及其系统，引风机及其系统，送风机及其系统，一次风机及其系统，炉水循环泵及其系统（锅炉启动系统），锅炉燃油系统，等离子点火系统（少油点火系统），暖风器及其系统，吹灰器及其系统等的技术状况、运行可靠性及检修质量、锅炉配煤掺烧、"四管"泄漏监控治理、空气预热器防堵塞、脱硝系统全负荷投运、锅炉不投油最低稳燃能力和节能（如锅炉效率，制粉系统及一次风机、送风机、引风机系统电耗等）方面进行全过程监督和管理。

（2）锅炉监督包括对锅炉设备重要参数、性能指标等的监测与控制，主要是反映锅炉安全运行的主要参数［如锅炉蒸发量、汽包压力、启动分离器压力、汽包水位、过热蒸汽压力、过热蒸汽温度、再热蒸汽压力（进口/出口）、再热蒸汽温度（进口/出口）、过热蒸汽两侧温度差、再热蒸汽两侧温度差、两侧烟气温度差、受热面金属壁温、过热器减温水量、给水压力、给水温度、磨煤机出口温度及风量、炉膛压力、水冷壁近壁还原性气氛、炉膛结焦情况、喷氨均匀性、空气预热器冷端综合温度、超临界锅炉启停过程受热面管壁温变化速率、汽包炉汽包两侧水位偏差等进行监督］和影响锅炉节能的主要参数和指标［如排烟温度、烟气含氧量、飞灰可燃物、炉渣可燃物、空气预热器差压、空气预热器漏风率、再热减温水量、吹灰器投入率、一次风粉均匀性、风机电耗、制粉电耗、燃油量（点火用油量和助燃用油量）、锅炉漏风率等进行监督］。

（十三）燃气轮机监督

燃气轮机监督是针对燃气轮机本体及其附属系统的健康水平、重要参数、性能和指标进行监督。实施设计选型、制造、安装、调试、运行、检修维护、技改的全过程监督管理。

监督范围主要包括：燃气轮机本体（含压气机、燃烧室、透平），燃料供应及处理系统，燃气轮机辅助系统（包括进排气系统、燃料控制模块、润滑油系统、液压油系统、清洗系统、冷却和密封空气系统、通风和加热系统、注水/蒸汽系统、危险气体检测及火灾保护系统、盘车及启动系统等）等。

透平进口温度是影响燃气轮机出力的主要因素之一，燃气轮机进口温度在1100℃以上，部分区域温度高达1425℃，核心部件材料为超合金，采用定向结晶、单晶体叶片等先进工艺制成，西门子还具有耐高温的陶瓷涂层，以减缓部件在高温下的损耗，相较于传统燃煤机组，金属组织性能、检测方法都有所不同。使其技术监督体现一定的特点，因此借鉴部分金属技术监督、汽轮机监督导则内容、《防止电力生产事故的二十五项重点要求及编制释义》和制造商规范文件，设置燃气轮机技术监督。燃气轮机技术监督具体包含了如下几个方面：① 根据DL/T 1051《电力技术监督导则》，借鉴金属监督中高温金属部件、承压容器和管道及部件、旋转部件金属母材和焊缝、水工金属结构的内容以及汽水轮机监督的轴系振动特性、叶片特性和调节安保系统特性内容。② 根据国家能源局《防止电力生产事故的二十五重点要求及编制释义》要求，将防止天然气系统着火爆炸、防止燃气轮机超速事故、防止燃气轮机轴系断裂及损坏事故、防止燃气轮机燃气系统泄漏爆炸事故等内容。③ 制造商规范文件，如GE公司的运行维护导则文件GER3620M，技术通报TIL等。

（十四）风轮机监督

风轮机监督应通过实施全过程的监督管理，有效实现设备安全、经济运行相关参数及性能指标的科学监督与评价，监督范围应涵盖风力发电机组的风轮系统、传动系统、润滑系统、冷却系统、控制系统等，针对场内设备、材料、构筑物、环境等方面，按金属、绝缘、化学、设备润滑、继电保护、监控自动化、测量、电能质量、节能、环保等专业进行技术监督，主要范围如下。

（1）风力发电的受监金属部件。包括塔架及其附件、机舱和风轮、架空输电线路铁塔等。

（2）风力发电油气品质。包括绝缘油、润滑油（脂）、液压油、冷却液和SF_6气体的质量。

（3）就地监控系统。包括发电监控系统、风功率预测系统、与调度运行相关的自动化系统的性能以及电力调度数据网络安全等。

（4）电气安全。主要包括发电机、变流器、电缆、低压开关等电气设备的绝缘、通流以及保护装置和参数。

（5）机务安全。包括轴系振动、刹车系统、安全链等。

（6）发电系能。包括风功率特性曲线、偏航性能、变桨性能等。

（7）并网性能。包括电能质量、电网电压故障穿越能力、电网适应性、有功/无功调节性能和辅助电气等二次设备功能完备性。

（8）环境保护。包括基建期建设项目环境影响评价和审批、可研中环保措施有效性、环境保护治理措施"三同时"、施工期生态环境保护及水土保持、建设项目环保竣工验收以及运行期生活污水处理和排放、固体废物（危险废物）储存处理处置、风力发电场噪声、光影、水土保持及对野生动物的影响等。

（十五）建（构）筑物监督

生产建（构）筑物监督是保证发电企业生产建（构）筑物结构安全，确保生产设备安全稳定运行的重要基础工作，应坚持"安全第一、预防为主"的方针，实行全过程监督。建设期主要监督范围为监测点设计的审查，监测点的设置与安装，基础施工阶段的监测，监测设施竣工验收；运行期主要监督范围为结构安全检查，包括日常巡查、定期检查、应急检查及专业检查。针对火力发电、水力发电、风力发电不同类型的建（构）筑物监督的特点及功能，主要监督内容主要范围如下。

（1）燃煤机组的发电建（构）筑物。包括主厂房、引风机室、锅炉房、煤仓间、碎煤机室、除氧间、输煤栈桥、干煤棚、地下输煤廊道、烟囱、管道支架等。

（2）燃煤机组的水工建筑物。包括冷却塔、输回水沟、喷水池、冷却池、灰库灰坝、泵房等。

（3）燃煤机组的燃油建筑物。包括油库、油泵房、油处理构筑物等。电气建（构）筑物包括主控室、变电站支架、地下电缆沟、继电器室、变压器室等。

（4）垃圾焚烧环保电站建（构）筑物监督：除发电建（构）筑物、水工建筑物、燃油建筑物、电气建（构）筑物，还应包括垃圾仓、渗滤池等建筑。

（5）生物质发电电站建（构）筑物监督：除发电建（构）筑物、水工建筑物、燃油建筑物、电气建（构）筑物，还应包括生物质干料间、储料仓间等料场及堆场建筑。

（6）风力发电场的风机机座的基础。

（7）水力发电厂的水库、大坝、引（泄）水建筑物及其基础、两岸边坡、闸门、水工金属结构等。

（十六）其他监督

以上 15 项监督是 DL/T 1051—2019 规定的电力技术监督主要内容，近几年，随着光伏电站、储能电站等装机规模越来越大，很多单位在探索、积累如何有效开展这些电站的技术监督，将这部分新业态纳入技术监督管理范围也逐渐提上日程。

如对于光伏电站，在常规技术监督内容以外，可考虑开展光伏组件和逆变器监督，包括光伏单元的电气安全（光伏组件、光伏支架、汇流箱、直流配电柜等电气设备的绝缘、保护以及电磁兼容性能）、发电性能［光伏组件状态、跟踪系统状态、逆变器最大功率点追踪（MPPT）效果、发电效率等］、并网性能（电能质量、电网电压故障穿越能力、电网适应性、有功/无功调节性能等）、就地监控系统和辅助电气等二次设备功能完备性、电气运行和检修状况等，还包括逆变器的绝缘强度、效率等指标以及检修和运行状况等。

对于化学储能电站，可考虑开展电化学储能电池监督，包括储能单元的电气安全（储能电池、储能变流器、母排、电缆、低压开关等一次设备绝缘和保护以及电磁兼容性能）、充放电性能［可用容量、可用功率、荷电状态（SOC）准确度、最大充放电功率、充放电转换时间、充放电效率等］以及电池管理系统、就地监控系统等二次设备功能完备性、运行及检修状况等。

第二节 专业监督主要指标

目前，国内对电力技术监督指标体系的评价研究还处于探索阶段，没有统一的模式，还没有形成一套完善的技术监督评价指标体系和研究方法。因此，根据发供电企业设备运行的实际情况研究设计反映运行特征、符合实情的技术监督综合评价指标体系，对技术监督情况作出相对科学、合理的评估，及早发现、提示、防范和化解风险是当前维护电力技术监督工作的一项重要内容。

技术评价指标的建立应遵循以下原则：

（1）完整性原则。所建立的指标体系应能够全面地反映研究对象各方面的特征，只有这样才能全面评价研究对象。评价指标应同时包括有定量指标和定性指标，尤其要防止重定量指标而轻定性指标的倾向。

（2）客观性原则。选择指标时一定要站在客观的立场，使所选指标真正反映出研究对象的客观面貌，不应掺入任何主观的意愿。只有这样才能为公正地评价方案打下基础。

（3）规范性原则。选择指标时，应尽量采用常用范围内的指标。一方面具有通用性；另一方面为收集数据资料带来方便，同时也便于理解。

（4）实用性和可操作性原则。指标的选取最终要能通过一定的方法得以实现，运用到实践中，因此应尽量做到实用性，且易于操作。

（5）简洁性原则。选择指标时应尽量做到简单明了。一方面可以避免混乱，易于使人们从复杂的信息中，理清头绪，抓住关键；另一方面，可以大大减少工作量，便于计算分析。

一、电能质量监督

（一）技术指标

（1）电压控制点合格率大于或等于98%，电压监视点合格率大于或等于98%。

（2）电压允许偏差标准。

1）电压等级为330kV及以上，偏差为+10%。

2）电压等级为220kV，偏差为0～+10%。

3）电压等级为35～110kV，偏差为-3%～+7%。

4）电压等级为35kV及以下，偏差为±7%。

（3）频率允许偏差符合标准规定。

（4）三相电压不平衡度小于或等于2%，短时不得超过4%。

（二）管理指标

（1）谐波允许值符合标准规定，见表4-2。

（2）AVC系统投入率按当地电网调度要求执行。

（3）功率因数为 0.8～0.85。

（4）电压调整符合 GB/T 12325《电能质量供电电压偏差》。

表 4-2　　　　　　　　　　谐 波 允 许 值

标称电压（kV）	电压总谐波畸变率（%）	各次谐波电压含有率（%）	
		奇次	偶次
0.38	5	4	2
6	4	3.2	1.6
10	4	3.2	1.6
35	3	2.4	1.2
66	3	2.4	1.2
110（220）	2	1.6	0.8

二、绝缘监督

（一）技术指标

（1）电气主设备完好率为 100%。

（2）主接地网、接地装置和断路器遮断容量满足安全运行要求。

（3）自动励磁调节器自动通道的投入率为 100%。

（二）管理指标

（1）电气主设备预防性试验率：主设备为 100%，一般设备大于 98%。

（2）设备缺陷处理率：100%。

（3）设备缺陷消除率：危急设备消除率为 100%其他缺陷消除率大于 90%。

（4）绝缘事故率不大于 0.1%。

（5）全年电气设备预试完成率不小于 96%。

（6）试验设备、绝缘工器具送检率为 100%。

三、电测监督

（一）技术指标

（1）关口计量电流互感器、计量电压互感器、计量电压互感器二次回路导线压降小于 1%。

（2）计量故障、电量差错率：小于 0.1%。

（二）管理指标

（1）各种电测仪器仪表（包括绝缘电阻测试仪和接地电阻测试仪）的校验率为 100%。

（2）电测仪器仪表调前合格率不低于 98%。

（3）电能质量仪表检定率为 100%。

（4）实验室标准计量器具合格率为 100%。

（5）实验室标准计量器具周期受检率为100%。

（6）Ⅰ类电能表的修调前检验合格率为100%；Ⅱ类电能表的修调前检验合格率为大于或等于90%。

（7）关口电能计量装置检验率为100%。

（8）关口电能计量装置合格率大于95%。

（9）仪表周检率大于90%。

四、继电保护监督

（一）技术指标

（1）主系统继电保护及安全自动装置投入率为100%。

（2）全厂继电保护及安全自动装置正确动作率为100%。

（二）管理指标

（1）故障录波器完好率为100%。

（2）消缺率为100%。

（3）年检计划完成率不低于95%。

（4）继电保护设备年检合格率为100%。

（5）新投产机组一年内全检完成率为100%。

五、励磁监督

（一）技术指标

（1）励磁系统动态性能合格率为100%。

（2）励磁系统各限制（保护）环节正确动作率为100%。

（3）电力系统静态稳定器（PSS）投入率不低于99%，PSS强行切除次数满足地方调度要求。

（二）管理指标

（1）设备年检合格率为98%。

（2）设备年检计划完成率不低于95%。

（3）励磁系统自动电压调节器应按要求正常投入，年投入率大于99%，并且手动方式连续运行不能大于24h。

六、金属监督

金属技术监督指标主要由金属材料管理、焊接管理、检修检验管理及承压类特种设备监督管理4个方面的指标组成，其中前三项指标属于行业自律性质的约束性指标，第四项指标属于国家法律规定的强制性指标。

（一）受监金属材料及备品配件管理指标

（1）受监金属材料及备品配件的入库前验收合格率为100%。

（2）受监合金材料或备品备件使用前后光谱复检率为100%。

（二）焊接管理指标

（1）焊接技术人员（含焊工、热处理工、焊接质检人员）持证上岗率为100%。

（2）合金焊材使用前及施焊后焊缝光谱复检率为100%。

（3）焊缝检验（基建期及锅炉"四管"更换）一次合格率大于95%。

（三）检修检验管理

（1）金属监督检验计划完成率为100%。

（2）金属监督部件检验合规率为100%。

（3）金属监督部件缺陷处理率为100%。

（四）承压类特种设备管理

（1）锅炉、压力管道、压力容器注册登记合规率为100%。

（2）锅炉、压力管道、压力容器法定定期检验率为100%。

（3）锅炉、压力管道、压力容器定期自行检查率为100%。

七、化学监督

化学监督指标主要分为经济性指标和功能性指标两部分。经济性指标是评价生产运营过程中物资和材料的周期性消耗强度，包括再生剂耗量（酸耗、碱耗、盐耗）、设备周期制水量等。功能性指标用于衡量设备运行效果，包括水处理设备产水水质合格率、循环水水质合格率、水汽监督合格率、在线仪表监督合格率、油气品质合格率等。化学技术监督指标如下。

（一）汽水品质指标

（1）全厂水汽合格率大于或等于98%。

（2）单机、单项水汽合格率大于或等于96%。

（3）热力设备腐蚀、结垢（积盐）低于三级。

（二）油质监督指标

（1）变压器油油质合格率为100%。

（2）汽轮机油油质合格率大于或等于98%。

（3）抗燃油油质合格率大于或等于98%。

（4）变压器油油耗小于1%。

（5）抗燃油油耗小于10%。

（6）汽轮机油油耗小于10%。

（三）气体监督指标

（1）供氢纯度和湿度合格率为100%。

（2）机组氢气纯度和湿度合格率为100%。

（3）六氟化硫合格率为100%。

（四）仪表监督指标

（1）在线水质分析仪器的配备率为100%。

（2）在线水质分析仪器的投入率大于或等于98%。

（3）在线水质分析仪器准确率大于或等于96%。

（4）氢气分析仪器的配备率为100%。

（5）氢气分析仪器的投入率为100%。

（6）氢气分析仪器的准确率大于或等于99%。

八、热工监督

（一）热工保护

（1）主要热工保护投入率为100%（主机保护及主、重要辅机保护）。

（2）主要热工保护正确动作率为100%。

注：主、重要辅机指直接对机组安全与负荷有影响的辅机。

（二）模拟量控制系统投入率不小于95%。

（三）AGC的实际负荷变化率、负荷初始响应时间、负荷响应精度

（1）实际负荷变化率不低于当地电网调度部门的要求。

（2）实际负荷初始响应时间满足当地电网调度部门的要求。

（3）实际响应精度满足当地电网调度部门的要求或合格率不小于AGC运行时间的90%。

（四）一次调频正确率与合格率

（1）一次调频动作正确率为100%（动作方向）。

（2）一次调频合格率不低于80%。

（五）热工仪表

（1）主要热工测点准确率为100%（与主要辅机、主机的安全及经济直接相关）。

（2）主要热工仪表校验率不小于99%。

九、节能监督

（一）发电企业能耗监督主要综合经济技术指标

用正平衡方法计算，用反平衡方法相互校核计算出主要技术经济指标，并统计完成值，主要包括供热量（若有）、发/供电煤耗率、供热煤耗率、供热厂用电率、发电厂用电率、综合厂用电率、锅炉效率汽轮机热耗率、全厂发电综合耗水率。

（二）机组主要运行小指标及相关指标

（1）主、再热蒸汽温度：主蒸汽温度应在相应负荷设计值±2℃范围内。

（2）主蒸汽压力：定压运行时，设计值为±1%；滑压运行时，主蒸汽压力应达到机组定滑压优化运行试验得出的该负荷对应的最佳压力。

（3）过热器、再热器减温水量：满足企业节能管理要求。

（4）给水温度：给水温度应达到相应负荷设计值。

（5）加热器端差、温升：均不大于设计值。

（6）凝汽器真空：闭式循环水系统，不低于92%；开式循环水系统，不低于94%。空冷机组凝汽器真空度应大于或等于86%。

（7）排汽压力：排汽压力应调整至冷端优化试验所对应的最佳排汽压力。

（8）凝汽器端差：根据循环水入口温度，设置合理端差值。

（9）高压加热器投入率：高压加热器投入率应达到100%。

（10）凝结水过冷度：湿冷机组和空冷机组的凝结水过冷度平均值不大于1℃。

（11）真空系统严密性：湿冷机组和间接空冷机组的真空严密性不大于200Pa/min；直接空冷机组的真空严密性不大于100Pa/min。

（12）胶球清洗装置投入率及胶球回收率：胶球清洗装置收球率不应低于95%。

（13）冷却塔幅高：在90%以上额定热负荷下，气象条件正常时，夏季冷却塔出水温度与大气湿球温度的差值不大于7℃。

（14）疏放水阀门泄漏率：疏放水阀门漏泄率应不大于3%。

（15）排烟温度：不高于相应负荷下的设计值。

（16）氧量：满足设计值。

（17）飞灰含碳量：对煤粉锅炉，无烟煤小于或等于6%，贫煤小于或等于4%，烟煤、褐煤小于或等于2%。

（18）空气预热器漏风率：管式空气预热器漏风系数每级不大于0.05，回转式空气预热器漏风率不大于10%。

（19）煤粉细度：满足企业实际要求。

（20）风机耗电率和制粉耗电率：符合企业节能管理要求。

（21）给水泵、凝结水泵、循环水泵或空冷岛耗电率：符合企业节能管理要求。

（22）输煤、脱硫、除尘、输灰、制水、电气设备耗电率：符合企业节能管理要求。

（23）热力及疏水系统阀门严密性：符合企业节能管理要求。

（24）机组补水率、自用水率、汽水损失率、汽水品质合格率、全厂复用水率、循环水浓缩倍率等：符合企业节能管理要求。

（25）点火及助燃用油量：符合企业节能管理要求。

十、环保监督

环保监督是企业贯彻国家环境保护法律、法规，履行环境保护责任与义务的重要措施之一，主要针对污染物排放（烟尘、二氧化硫、氮氧化物、废水、无组织排放），燃料、相关原材料、水源、烟气治理设施，排水及处理设施，厂界噪声及治理设备，灰渣处理与综合利用设施，储灰（渣）场，污染物在线监测系统以及升压站电磁辐射等相关指标和设施开展监督。所有环保设施（备）应有管理制度、设备台账、运行检修规程及记录，应保证正常可靠运行，污染物排放满足环保要求。环保监督监督指标如下：

（一）主要指标

（1）大气污染物及其他污染物排放浓度、排放总量满足排污许可要求。

（2）环境监测任务完成率：100%。

（3）脱硫设施、除尘设施和废水处理设施投运率：100%；脱硝设施投运率满足排污许可要求。

（4）二氧化硫、氮氧化物和烟尘排放绩效不大于 0.26、0.35g/kWh 和 0.06g/kWh。

（5）湿法脱硫二氧化硫去除单耗（石灰石/二氧化硫）不大于 1.79kg/kg。

（6）氮氧化物去除单耗（氨/氮氧化物）不大于 0.15kg/kg。

（7）脱硫设施浆液中氯离子浓度小于或等于 20 000mg/L。

（8）灰、渣及脱硫石膏等固体废物综合利用率为 100%；危险固体废弃物处置满足环保部门的要求。

（二）燃料及原材料

（1）对燃煤的硫分、灰分、挥发分、发热量及重金属含量（汞、铅、砷、镉、铬等）进行监督。

（2）对原水中与电厂排放有关的污染因子进行监督。

（3）对烟气脱硫的吸收剂和脱硝还原剂的品质进行监督。

（三）脱硫设施

（1）脱硫系统正常、稳定运行。

（2）脱硫设施投运率应达到 100%。

（3）脱硫效率应达到设计保证值或调整值。

（4）二氧化硫排放浓度、排放总量不大于排污许可证上载明的排放标准。

（5）石灰石浆液 pH 值、密度控制在合理范围，且在线表计显示准确。

（6）脱硫吸收剂品质（如石灰石中氧化钙含量、活性、细度等）指标达到设计要求，脱硫石膏品质要求达到设计值。

（7）脱硫废水应有专门的处理设施，处理后的水质应满足 DL/T 997 的要求，处理过程中产生的污泥应按当地环保行政主管部门的要求进行安全处置。

（8）烟气循环流化床脱硫系统需监督石灰石中氧化钙含量、活性、细度等指标。

（9）脱硫设备的检修按照 DL/T 748《火力发电厂锅炉机组检修导则》和 DL/T 341《火电厂石灰石/石灰–石膏法烟气脱硫系统检修导则》要求执行，并按照 GB/T 21508《燃煤烟气脱硫设备性能测试方法》及 GB/T 16157《固定污染源排气中颗粒物测定与气态污染物采样方法》进行性能测试。

（四）脱硝设施

（1）脱硝设施投运满足排污许可要求。

（2）脱硝效率应达到设计保证值或调整值。

（3）氮氧化物排放浓度、排放总量达到排污许可证上载明的排放标准。

（4）SO_2/SO_3 转化率与氨逃逸率达到设计值，并且不影响后续设备正常稳定运行。

（5）脱硝设备的检修按照 DL/T 322《火电厂烟气脱硝（SCR）装置检修规程》要求进行，并按照 DL/T 260《燃煤电厂烟气脱硝装置性能验收试验规范》及 GB/T 16157 进行性能测试。

（6）脱硝装置大修后应对 SCR 反应器的氨喷射系统进行优化调整。

（7）脱硝还原剂的品质、使用及验收应满足 GB 536《液体无水氨》、GB 2440《尿素》等标准要求，监督控制指标不应低于设计值。

（8）脱硝用还原剂采（拟）用液氨的储存符合危险化学品处理有关规定。

（9）脱硝催化剂应按照要求建立管理制度，开展采购文件编制和审核，新购催化剂安装前和投运后应定期开展质量和性能检测工作，检测内容和指标要求达到设计要求且不低于 GB/T 31587《蜂窝式烟气脱硝催化剂》或 GB/T 31584《平板式烟气脱硝催化剂》等相关标准，检测方法按 DL/T 1286《火电厂烟气脱硝催化剂检测技术规范》执行。

（10）属于危险废物的失效催化剂的处理需严格执行危险废物的相关管理制度，并依法向相关环境保护主管部门申报废催化剂的产生、储存、转移和利用处置等情况。

（11）脱硝用还原剂的储存、催化剂的选型及检验与验收执行 GB/T 21509 等相关标准。

（12）每次停炉期间，应对脱硝催化剂的积灰、堵塞、破损情况进行检查。

（五）除尘设施（含湿式电除尘）

（1）电除尘器各电场正常、稳定运行。

（2）除尘器各电场的投运率应达到 100%。

（3）除尘效率应不小于设计值或调整值。

（4）电除尘器漏风率、电袋及布袋除尘器漏风率均不大于 2%。

（5）烟尘排放浓度、排放总量符合排污许可证要求。

（6）新建、改造除尘器工程完工及机组大修前、后应进行除尘器性能试验，性能试验按照 GB/T 13931《电除尘器 性能测试方法》、GB/T 15187《湿式除尘器性能测定方法》、GB/T 32154《电袋复合除尘器性能测试方法》、GB/T 16157《固定污染源排气中颗粒物测定与气态污染物采样方法》及 HJ 836《固定污染源废气 低浓度颗粒物的测定 重量法》进行，各项性能应满足 DL/T 514《电除尘器》、GB/T 27869《电袋复合除尘器》指标要求。

（六）废水处理设施

（1）发电企业废水包括工业废水、酸碱废水、含油废水、含煤废水、灰场排水、脱硫废水及生活污水等经常性排水和锅炉与空气预热器清洗废水等非经常性排水。

（2）废水处理设施投运率应达到 100%。

（3）含煤废水处理设施如沉煤池、过滤器等应设在煤场附近，收集处理含煤废水，处理后宜重复利用于煤场喷淋或输煤栈桥冲洗。

（4）处理后的工业废水和生活污水根据水质要求进行梯级使用，工业用水重复利用率达 95%。

（5）排水水质应符合排污许可证上载明的排放标准，水污染物达标排放率达 100%，排放总量满足地方总量指标的要求。

（6）废水的主要监测项目、监测周期执行自行监测方案中的相关要求，同时参照 DL/T 414《火电厂环境监测技术规范》，分析方法参照 DL/T 938《火电厂排水水质分析方法》。

（7）废水排放口的设置符合地方环保部门对排污口规范化整治的相关要求。

（8）废水处理设施产生的污泥（危险废物除外）送入储灰场处置。

（七）固体废弃物处置及储存场

（1）灰、渣综合利用设施（备）应运行正常。

（2）灰、渣、石膏固体废弃物综合利用率满足集团公司及环保要求。

（3）储灰场应满足 GB 18599《一般工业固体废物贮存和填埋污染控制标准》中 II 类固体废弃物的要求，具有防止地下水污染的防渗措施、雨水收集与排涝等防洪措施及扬尘污染防治措施。

（4）停用储灰场需进行覆土、绿化等生态恢复，按要求完成闭库验收。

（5）灰场周围设置地下水监测井，监测方法按照 HJ/T 164《地下水环境监测技术规范》执行，监测项目参照 GB/T 14848《地下水质量标准》，监测结果满足 III 类地下水质标准。

（6）电厂与灰场附近居民是否发生纠纷等。

（7）对废弃布袋滤料、废弃脱硝催化剂的回收处理和再生利用情况进行监督。

（8）对铅酸蓄电池、废油等危险废物的回收处置情况进行监督。

（八）烟气排放连续监测系统（CEMS）

（1）按照 HJ 75《固定污染源烟气连续排放监测标准》HJ 76《固定污染源烟气（SO_2、NO_x、颗粒物）排放连续监测系统技术要求及检测方法》要求安装烟气排放连续监测系统（CEMS）。

（2）配备率、准确率及投运率均达到 100%。

（3）连续监测颗粒物、二氧化硫、氮氧化物浓度及烟气温度、烟气压力、流速或流量、烟气含水量与含氧量等参数，且准确度满足 HJ 75 的要求。

（4）CEMS 校验满足排污许可证上载明的要求。

（5）按照《关于印发〈国家重点监控企业污染源自动监测数据有效性审核办法〉〈国家重点监控企业污染源自动监测设备监督考核规程〉的通知》（环发〔2009〕88 号）的要求，审核自动监测数据的准确性、数据缺失及异常情况。

（九）噪声治理设施

（1）厂界噪声应达到 GB 12348 相应标准要求，厂界外 200m 范围内居民居住区（敏感点）的环境噪声应达到 GB 3096《声环境质量标准》相应功能区标准要求。

（2）超标厂界需分析超标原因，找出引起超标的声源设备，检查高声源设备的隔声降噪设施的安装情况及降噪效果。

（3）发生超标扰民的电厂需检查是否发生噪声纠纷、纠纷的处理记录及限期整改计划。

（4）厂界及敏感点环境噪声测点布置及监测周期执行自行监测方案，按照 GB 12348 测量方法与数据处理，做好监测记录。

（十）储煤场

（1）按照厂址所在地区的气候条件与环境敏感程度，设置储煤场喷淋装置和相应的防风、抑尘设施；按地方有关规定建设全封闭储煤场。

（2）颗粒物无组织排放浓度要求达到 GB 16297《大气污染物综合排放标准》的限值，监测方法按照 GB/T 15432《环境空气 总悬浮颗粒物的测定 重量法》进行。

（十一）升压站

（1）升压站工频电、磁场及无线电干扰参考 HJ 24《环境影响评价技术导则 输变电》进行电磁辐射污染防治。

（2）工频电、磁场测量参照 DL/T 998《石灰石–石膏湿法烟气脱硫装置性能验收试验规范》、GB/T 12720《工频电场测量》和 GB 8702《电磁环境控制限值》执行。

（3）火电企业出线无线电干扰测量方法参考 GB/T 7349《高压架空送电线、变电站无线电干扰测量方法》。

十一、汽（水）轮机监督

（一）汽（水）机 TSI 参数监视指标

（1）汽（水）机振动：汽（水）机各轴承振动参数符合安全要求。

（2）支撑轴承瓦温：各支撑轴承瓦温参数符合安全要求。

（3）推力轴承瓦温：汽（水）机各推力轴承瓦温参数符合安全要求。

（4）轴向位移：汽（水）机轴向位移参数符合安全要求。

（5）高/中/低压差胀：汽（水）机高/中/低压差胀参数符合安全要求。

（6）轴承回油温度：汽（水）机轴承回油温度参数符合安全要求。

（二）主要辅机参数监视指标

（1）汽动给水泵组状态指标：汽动给水泵组的给水泵汽轮机和给水泵的振动、给水泵汽轮机轴向位移、轴承瓦温等参数符合安全要求。

（2）凝结水泵组、循环水泵组、开式冷却水泵、闭式冷却水泵组状态指标：泵组（包括电动机）的轴承轴振、轴承金属温度、电动机绕组温度等参数符合安全要求。

（3）EH 油及调节保安系统状态指标：EH 油压、EH 油温、ASP 油压等调节保安系统的状态参数符合安全要求。

（4）汽（水）机润滑油、顶轴油系统及盘车装置，给水泵汽轮机润滑油系统状态指标：汽（水）机的润滑油压、润滑油温、顶轴油压、盘车电动机电流等系统的状态参数符合安全要求。

（5）汽轮机旁路系统状态指标：高、低压旁路后管道金属温度等系统状态参数指标符合安全要求。

（6）真空系统状态指标：除夏季、高背压供热等特殊工况外，其他运行工况下凝汽器背压等系统状态参数指标符合安全要求。

（三）水轮机主要监督指标

（1）轴系振动、叶片、调节保安系统、热力系统。

（2）水轮机控制系统及油压装置、水机自动化等。

（四）其他系统指标

（1）汽轮机动叶片静态固有频率，调频叶片级和轮系频率特性符合安全要求。

（2）调节保安系统速度变动率、迟缓率合格，甩负荷后能维持额定转速。

（3）汽门关闭时间合格，不卡涩；汽门严密性合格。

（4）汽轮机监视段压力和温度以及高压排汽压力、高压排汽温度、排汽温度不超标。

十二、锅炉监督

（一）本体

（1）炉膛压力、过热蒸汽温度及压力、再热蒸汽温度及压力、排烟温度、飞灰可燃物含量、汽包水位（汽包炉）、减温水、水煤比/中间点过热度（直流炉）、蒸汽温度变化速率等符合安全要求。

（2）锅炉"四管"泄漏造成非停次数控制在最低标准。

（二）汽水测

（1）汽包两侧水位偏差小于或等于 100mm。

（2）超（超）临界锅炉启停过程受热面管壁温变化速率小于或等于 5.0℃/min。

（3）受热面管壁温度符合安全要求。

（三）燃烧侧

（1）水冷壁近壁还原性气氛 CO 小于或等于 30mg/m³、H_2S 小于或等于 0.2mg/m³。

（2）锅炉不投油最低稳燃能力符合安全要求。

（3）锅炉运行氧量满足安全要求并兼顾经济性。

（四）辅机系统

（1）转动机械振动及轴承温度、磨煤机出口风温等满足安全要求。

（2）空气预热器冷端综合温度、空气预热器压差、空气预热器阻力等满足安全要求。

十三、燃气轮机监督

（一）燃气轮机本体

（1）燃气轮机起吊就位应保证设备不损伤，位置准确。

（2）燃气轮机本体标高允许偏差不大于 3mm。

（3）燃气轮机本体纵向中心线与基础纵向中心线允许偏差不大于 2mm。

（4）燃气轮机压气机横向中心线与基础横向中心线允许偏差不大于 2mm。

（二）运行监督

（1）燃气轮机使用的天然气应符合要求。

（2）燃气轮机运行中振动应符合要求。

（3）燃气轮机运行中油质合格率应满足要求。

十四、风轮机监督

风轮机监督包括风力发电机组本体监督和风力发电机组基础监督，相关技术监督指标是上级单位评价风轮机监督工作开展情况的重要依据，风轮机监督主要指标如下。

（一）风力发电机组本体

（1）风力发电机组本体缺陷消除率。风力发电机组本体包括风轮系统（叶片、轮毂）、机舱、塔架及基础、变桨系统、偏航系统、制动系统、主控制系统、通信系统、机械传动系统、变流变频系统、发电机系统、风能采集系统、电气系统。

（2）齿轮箱油、液压油、冷却液合格率。

（3）实际功率曲线不低于设计功率曲线比率。

（4）设备可利用率。

（二）风力发电机组基础

（1）风力发电机组基础外观完好率。

（2）风力发电机组基础沉降量。

十五、光伏组件和逆变器监督

光伏组件和逆变器作为光伏电站主要发电设备，其运行良好程度直接影响整个电站的发电状况，而光伏组件及逆变器监督指标是反映其运行状况良好与否的重要依据。光伏组件和逆变器相关技术监督指标如下。

（一）光伏组件

（1）组件污渍及灰尘损失率小于或等于 5%。

（2）光伏组串温升损失率，原则上不高于设计值。

（3）组件串联失配损失率小于或等于 2%。

（4）组串并联失配损失率小于或等于 2%。

（5）组件功率衰减率，原则上不高于设计值。

（6）组件缺陷率应符合企业管理要求。

（7）组件抽检率应符合企业管理要求。

（二）逆变器

（1）设备可利用率应符合企业管理要求。

（2）逆变器转换效率应符合 NB/T 32004《光伏并网逆变器技术规范》。

（3）逆变器运行时，输出侧电流谐波总畸变率、各次谐波占有率应符合 NB/T 32004《光伏并网逆变器技术规范》。

（4）逆变器有功控制、无功调节和故障穿越能力应符合 NB/T 32004《光伏并网逆变器技术规范》。

十六、电化学储能系统监督

电化学储能系统是以电化学电池为储能载体，通过储能变流器进行可循环电能存储、释放的系统，一般包括电池系统、储能变流器及相关辅助设施等。电化学储能系统相关技术监督指标如下。

（一）系统指标

（1）额定功率能量转换效率符合要求。

（2）有功控制、无功调节及功率因数调节能力应符合要求。

（3）充电/放电响应时间符合要求。

（4）充电/放电调节时间符合要求。

（5）充电/放电转换时间符合要求。

（6）故障穿越能力应符合要求。

（二）储能电池

（1）循环性能指标应符合要求。

（2）不同情况下的安全性能指标应符合要求，包括过充电、过放电、短路、挤压等。

（三）储能变流器

（1）额定运行条件下，储能变流器效率，包括整流效率和逆变效率。

（2）储能变流器在 110%和 120%额定电流下的持续运行时间应符合要求。

（3）储能变流器在输出大于其额定功率的 20%时，功率控制精度应符合要求。

第三节　专业监督的重点内容

一、电能质量监督

（一）电能质量监督依据标准

电能质量监督应依据电能质量监督应依据 GB 755《旋转电机　定额和性能》、GB/T 12325《电能质量　供电电压偏差》、GB/T 14549《电能质量　公用电网谐波》、GB/T 15543《电能质量　三相电压不平衡》、GB/T 15945《电能质量　电力系统频率偏差》、GB/T 17626.30《电磁兼容　试验和测量技术　电能质量测量方法》、GB/T 19862《电能质量监测设备通用要求》、GB/T 7409.3《同步电机励磁系统大、中型同步发电机励磁系统技术要求》、DL/T 1053《电能质量技术监督规程》、DL/T 516《电力调度自动化运行管理规程》、DL/T 824《汽轮机电液调节系统性能验收导则》、DL/T 1040《电网运行准则》、DL/T 1028《电能质量测试分析仪检定规程》、DL/T 1198《电力系统电能质量技术管理规定》、DL/T 1227《电能质量监测装置技术规范》、DL/T 1228《电能质量监测装置运行规程》、DL/T 1773《电力系统电压和无功电力技术导则》、DL/T 5003《电力系统调度自动化设计规程》、DL/T 5242《35kV～220kV 变电站无功补偿装置设计技术规定》、JJG 126《交流电量变换为直流电量电工测量变送器》，并结合本厂实际情况开展。

（二）设计选型阶段监督重点

在设计选型阶段，应重点关注无功电源及无功补偿设备、调压设备、无功电压控制系统配置、频率调节能力及监测设备配置情况，新建发电机组的进相能力，无功表计的配置情况，谐波及三相不平衡度监测设备配置情况等。

（三）调试验收阶段监督重点

在调试验收阶段，应重点关注一次调频功能、自动发电控制系统（AGC）和自动电压控制系统（AVC）性能、进相能力等。发电机、变压器、变频设备等调试投运时应进行谐波测量，应按要求调节主变压器和厂用变压器的分接位置，按 DL/T 1227 要求检测谐波监测装置性能，按 GB/T 17626.30 要求检测三相不平衡度监测装置。

（四）生产运行阶段监督重点

运行期间，应定期进行频率和电压偏差统计；合理设置谐波监测点、电压监测点、频率监测点，定期进行电能质量检测，按照 JJG 126 要求定期检定电能质量监测用表计及主要监测点的变送器。

二、绝缘监督

绝缘监督应参考 DL/T 1054 并结合本厂实际情况开展。

（一）设计与设备选型阶段

（1）参与工程电气设计审查。根据工程的规划情况及特点，提出对电厂的主接线、启备电源、厂用电系统、设备选型，以及厂区、主厂房电缆的敷设等绝缘监督的要求。

（2）对高压试验仪器、仪表及装置的配置和选型，提出绝缘监督的具体要求。高压开关设备有关参数选择应考虑电网发展需要，留有适当裕度，特别是开断电流、外绝缘配置等技术指标。

（3）严寒地区应根据当地极端气温，对 SF_6 断路器及 GIS 的选型提出相应的要求，避免气温过低造成 SF_6 压力异常降低，发生断路器动作闭锁。高压开关柜的"五防"功能和柜间防火隔离，柜内绝缘件所使用的材料是选型时应重点关注的内容。

（4）变压器在设备选型阶段，应重点关注原材料和组件的技术性能，尤其要注意变压器的抗短路能力、绝缘裕度和过负荷能力。

（5）发电机在设备设计选型阶段，应重点关注非正常运行和特殊运行能力以及在线监测装置的配置情况。监造和出厂验收时，应重点关注重要部件、原材料材质，关键部件的加工精度，铁心、定子、转子的装配工艺和过程检验，出厂试验等内容。

（6）避雷器、互感器、电容器和套管在设计选型阶段，应保证外绝缘符合安装地点环境条件下防雨（冰）和污闪的要求，特别应注意核算电流互感器的动热稳定性能。

（7）电力电缆在设计选型阶段应重点关注电缆生产工艺和阻水防潮性能，注意减少电缆接头的数量。电缆终端和接头应严格按制作工艺规程要求制作，制作环境应符合有关规定，其主要性能应符合相关产品标准的规定。

（二）监造和出厂验收阶段

（1）监造过程中，验收监造单位编制的监造简报。及时了解设备的制造质量、进度、设计修改及工艺改进情况，对出现的不合格项及时进行处理。当发现重大质量问题时，应及时与监造单位联系，必要时到制造厂与厂方协商处理。

（2）发电机监造和出厂验收时，应重点关注重要部件、原材料材质，核实关键部件的加工精度，检查铁心、定子、转子的装配工艺和过程检验，出厂试验等内容。

（3）变压器监造和出厂验收时，应重点关注重要部件、原材料材质、出厂试验等内容，尤其应注意绕组变形试验和局部放电试验结合。

（4）断路器、隔离开关和接地开关出厂试验时应进行不少于 200 次的机械操作试验，以保证触头充分磨合；应对断路器主触头与合闸电阻触头的时间配合关系进行测试；制造厂应对 GIS 及罐式断路器罐体焊缝进行无损探伤检测；GIS 内部的绝缘件应逐只进行 X 射线探伤试验、工频耐压和局部放电试验。

（5）避雷器、互感器、电容器和套管出厂验收时，应重点关注局部放电试验和铁磁谐振试验等内容。发电机机端电压互感器安装前的感应耐压试验、局部放电试验和励磁特性试验是重点监督内容。

（三）安装和调试阶段

（1）发电机安装前应注意保管条件、机内清洁和异物掉落等情况；安装后重点关注交直流耐压试验、定子绕组端部模态及固有振动频率试验、分系统及整体严密性试验、定子绕组内冷水系统流通性试验、转子交流阻抗和发电机转子重复脉冲试验（RSO）等验收试验。

（2）变压器安装完成后，应重点关注绕组变形试验、交流耐压试验、局部放电试验和绝缘油试验等交接验收试验。变压器、电抗器在试运行时，应进行 5 次空载全电压冲击合闸试验，且无异常情况发生；带电后，检查变压器噪声、振动无异常；本体及附件所有焊缝和连接面，不应有渗漏油现象。

（3）发电机机端电压互感器安装前的感应耐压试验、局部放电试验和励磁特性试验等是重点监督内容；气体绝缘互感器安装后应进行现场老炼试验；110kV（66kV）及以上电压等级的油浸式互感器安装完成后，应逐台进行交流耐压试验，交流耐压试验前后应进行油中溶解气体分析。

（4）新建、扩建工程中，各项电缆防火工程应与主体工程同时投产，应重点注意防火设施的布置和施工。电缆在投产验收时，应注意电缆的固定、弯曲半径、相关间距和单芯电力电缆的金属护层的接线等，尤其应注意外表是否存在机械损伤痕迹、电缆沟内是否存在积水等情况。

（5）在投产验收时，蓄电池组的充、放电结果应合格，其端电压、放电容量、放电倍率应符合要求；充电装置应正常工作，绝缘监测装置参数设置正确，工作正常。运行期间，直流系统各级熔断器、空气开关的定值应定期核对，以满足动作选择性的要求；浮充机和强充机应运行稳定，电压、电流稳定度和纹波系数符合要求。

（6）对于重要的施工环节和竣工后质量无法验证的项目，应进行现场监督和抽查，并参加设备交接验收试验，确认试验项目齐全（包括特殊试验项目），各项试验符合《电气装置安装工程电气设备交接试验标准》（GB 50150）、订货合同技术要求和调试大纲要求。

（7）参加投产验收。验收时进行现场实地查看，发现安装施工及调试不规范、交接试验方法不正确、项目不全或结果不合格、设备达不到相关技术要求、基础资料不全等不符合绝缘监督要求的问题时，应要求立即整改，直至合格。

（四）检修技改阶段

（1）根据国家和行业有关的电气设备检修规程和产品技术条件文件，结合本单位实际，制定本厂的《电气设备检修规程》及定期修编，并建立检修文件包。

（2）根据设备的实际绝缘情况和运行状况，依据本单位检修管理的要求，编制年度检修计划，包括检修原因、依据、项目、目标等，报上级主管部门批准后执行。

（3）检修时，应对上级单位通报的高压电气设备缺陷及电力系统出现的家族缺陷警示作重点检查。

（4）检修过程中，按检修文件包的要求进行工艺和质量控制。执行质监点（W、H点）监督及三级（班组、专业、厂级）现场验收、签字。

（5）检修后，按 DL/T 596《电力设备预防性试验规程》及相关标准的要求进行验收试验，试验合格后方可投运。

（6）检修完毕后，应及时编写检修报告并履行审批手续，将有关检修资料归档。

（7）定期编写电气设备检修分析报告，掌握设备当前的缺陷状况和健康水平。

（8）当高压电气设备从生产性和技术经济性角度分析继续运行不再合理时，宜考虑退出运行和报废。退役和报废管理按本单位的管理规定执行。

三、电测监督

电测监督应参考 DL/T 1199《电测技术监督规程》并结合本厂实际情况开展。

（一）设计选型阶段

（1）应组织对电测量及电能计量装置进行设计审查。应重点关注计量点的配置，电能计量器具的功能、规格和准确度等级，电能计量装置和互感器的接线方式以及电测标准试验室的设备配置等内容。重要场所应加装电能计量装置，结算用计量装置应符合标准要求，计量装置接线应合理，电能计量和保护不得混用一个电流回路，电测标准试验室应满足日常变送器检定要求。

（2）重要变送器应由不间断电源（UPS）供电。参与发电机控制功能的电气采样装置，应满足暂态特性和变送器精度要求；参与汽轮发电机调节的功率变送器，还需考虑暂态特性的要求。

（二）安装调试阶段

（1）应制定本单位电测量及电能计量装置等安装与验收管理制度。

（2）电测量及电能计量装置的安装应严格按照通过审查的设计文件要求进行施工。

（3）新安装的电测仪表应进行检定，检定合格后在其明显位置粘贴合格证（内容至少包括设备编号、有效期、检定员）。

（4）电测量及电能计量装置等投运前应进行全面的验收。仪器设备到货后应由专业人员验收，检查物品是否符合订货合同。

（5）设备投运前，应对电测计量方式原理图进行审核，关口电能表、电流互感器、电压互感器投运前应检定合格并具备检定证书。

（6）在调试验收阶段，关口电能表应检定合格；电流互感器和电压互感器的误差测试、二次实际负荷测试以及电压互感器二次回路压降测试等测试结果应符合标准要求；电测量变送器和仪表应检定合格。

（7）启动试运行前，电气测点/仪表投入率不小于 98%，指示正确率分别不小于 97%；168h 满负荷试运行验收时，电气测点/仪表投入率不小于 99%，指示正确率分别不小于 98%。

（三）生产运行阶段

（1）电测量及电能计量装置必须具备完整的符合实际情况的技术档案、图纸资料和仪器仪表设备台账。

（2）相应人员每天应对电能计量装置的厂站端设备进行巡检，并做好相应的记录。

（3）凡从事电测计量检定工作的人员在取得授权机构颁发的资质证书后方可开展检定工作，且从事检定的项目及内容应与人员证书上的标注内容一致。计量检定人员脱离检定工作岗位一年以上者，必须经复核考试通过后，才可恢复其从事检定工作资格。电测计量标准装置必须经计量标准考核合格，具有有效期内的周期检定证书，方可投入使用，且检定的项目及内容应与装置证书上标注的内容一致。现场使用的电测计量装置应按相关标准进行定期检定/校准。

（4）电测计量标准器具应按相关规程、规范进行周期检定/校准（含现场校验），检定合格的计量器具应有封印或粘贴合格证，未授权人员不得擅自拆封。凡超过检定周期而尚未检定即认为失准，必须停用。

（5）电测计量标准实验室的环境温度、相对湿度、防尘、防火、防磁、接地网等条件应符合国家行业相关规程、规范的要求，不符合要求的，应及时进行整改。

（6）所有检定/校准（含现场校验）的计量器具都须有原始记录（计算机自动校验或半自动校验装置中的数据可按原始记录对待），原始记录的内容、项目与格式应符合相关规定，并妥善保存。

四、继电保护监督

（一）设计及设备选型阶段

1. 装置选型应满足的基本要求

（1）应选用经电力行业认可的检测机构检测合格的微机型继电保护装置。

（2）应优先选用原理成熟、技术先进、制造质量可靠，并在国内同等或更高的电压等级有成功运行经验的微机型继电保护装置。

（3）选择微机型继电保护装置时，应充分考虑技术因素所占的比重。

（4）选择微机型继电保护装置时，在集团公司及所在电网的运行业绩应作为重要的技术指标予以考虑。

（5）同一厂站内同类型微机型继电保护装置宜选用同一型号，以利于运行人员操作、维护校验和备品备件的管理。

（6）要充分考虑制造厂商的技术力量、质量保证体系和售后服务情况。

（7）继电保护设备订货合同中的技术要求应明确微机型保护装置软件版本。制造厂商提供的微机型保护装置软件版本及说明书应与订货合同中的技术要求一致。

（8）微机型继电保护装置的新产品应按国家规定的要求和程序进行检测或鉴定，合格后方可推广使用。检测报告应注明被检测微机型保护装置的软件版本、校验码和程序形成时间。

2. 线路、变压器、电抗器、母线和母联保护的通用要求

（1）220kV 及以上电压等级线路、变压器、高压并联电抗器、母线和母联（分段）及相关设备的保护装置的通用要求、保护配置及二次回路的通用要求、保护及辅助装置标号原则执行 DL/T 317《继电保护设备标准化设计规范》。

（2）110kV 及以下电压等级线路、变压器、高压并联电抗器、母线和母联（分段）及相关设备的保护装置的通用要求、保护配置及二次回路的通用要求、保护及辅助装置标号原则参照 DL/T 317 相关规定执行。

（3）发电机－变压器组及厂用电系统的保护装置的通用要求、保护配置及二次回路的通用要求、保护及辅助装置标号原则可参照 DL/T 317 相关规定执行。

（4）继电保护双重化配置。电力系统重要设备的微机型继电保护均应采用不同厂家、

不同原理的双重化配置，双套配置的每套保护均应含有完整的主、后备保护，能反应被保护设备的各种故障及异常状态，并能作用于跳闸或给出信号。

双重化配置的两套保护装置的交流、直流回路完全相互独立，其保护范围应交叉重叠，避免死区。

（5）保护装置应优先通过继电保护装置自身实现相关保护功能，尽可能减少外部输入量，以降低对相关回路和设备的依赖。

（6）发电机的保护配置应符合 GB/T 14285《继电保护和安全自动装置技术规程》、DL/T 671《电机变压器组保护装置通用技术条件》、DL/T 1309《大型发电机组涉网保护技术规范》相关要求。

（7）变压器保护的设计，应符合 GB/T 14285、DL/T 317《继电保护设备标准化设计规范》、DL/T 478《继电保护和安全自动装置通用技术条件》、DL/T 572《电力变压器运行规程》、DL/T 671、DL/T 684《大型发电机变压器继电保护整定计算导则》和 DL/T 770《变压器保护装置通用技术条件》等标准的规定。

（8）并联电抗器的保护配置，应符合 GB/T 14285、DL/T 242《高压并联电抗器保护装置通用技术条件》、DL/T 317 和 DL/T 572 相关要求。

（9）母线保护应符合 GB/T 14285、DL/T 317、DL/T 670《母线保护装置通用技术条件》及当地电网相关要求。

（10）线路保护配置及设计应符合 GB/T 14285、GB/T 15145、DL/T 317 及当地电网相关要求。

（11）断路器保护的设计应符合 GB/T 14285、DL/T 317 等的相关标准要求。

（12）容量 100MW 及以上的发电机组、110kV 及以上升压站、启/备电源应装设专用故障录波装置。故障录波器设计应满足 GB/T 14285、GB/T 14598.301《电力系统连续记录装置技术要求》、DL/T 5136《火力发电厂、变电站二次接线设计技术规程》相关要求。

（13）发电厂可按电力系统要求配置电力系统相量测量装置，装置应满足 GB/T 14285、DL/T 280《电力系统同步相量测量装置通用技术条件》及 DL/T 5136 相关要求。

（14）发电厂时间同步系统应符合现行标准 GB/T 36050《电力系统时间同步基本规定》、DL/T 317、DL/T 1100.1《电力系统的时间同步系统 第 1 部分：技术规范》、DL/T 5136 的相关规定。

（15）发电厂直流系统应符合现行 GB/T14285、GB/T 19638.2《固定型阀控式铅酸蓄电池 第 2 部分：产品品种和规格》、GB/T 19826《电力工程直流电源设备通用技术条件及安全要求》和 DL/T 5044《电力工程直流电源系统设计技术规程》等国家和行业标准的规定。

（16）继电保护相关回路及设备的设计应符合 GB/T 14285、DL/T 317、DL/T 866《电流互感器和电压互感器选择及计算规程》及 DL/T 5136 等标准的相关要求。

（17）继电保护装置与计算机监控、DCS 监控、ECMS 监控的配合应符合 GB/T 14285

和 DL/T 5136 等标准的相关要求。

（18）厂用电继电保护应符合 GB/T 14285、GB/T 50062《电力装置的继电保护和自动装置设计规范》、DL/T 744《电动机保护装置通用技术条件》、DL/T 770 及 DL/T 5153《火力发电厂厂用电设计技术规程》等标准的要求。

（二）基建安装及验收阶段

（1）对新安装的继电保护装置进行验收时，应以订货合同、技术协议、设计图和技术说明书及有关验收规范等规定为依据，按 GB 50171《电气装置安装工程 盘、柜及二次回路接线施工及验收规范》、GB 50172《电气装置安装工程 蓄电池施工及验收规范》、DL/T 995《继电保护和电网安全自动装置检验规程》、DL/T 5294《火力发电建设工程机组调试技术规范》、DL/T 5210.6《电力建设施工质量验收规程 第 6 部分：调整试验》等标准及有关规程和规定进行调试，并按定值通知单进行整定。检验整定完毕，并经验收合格后方可允许投入运行。

（2）设备出厂前进行继电保护装置各项型式试验；继电保护装置软件版本、程序校验码，继电保护装置二次回路绝缘检查；继电保护装置的采样精度检查；开入、开出量检查；继电保护装置的逻辑功能检查，保护通道检查等内容。

（3）电流互感器、电压互感器绝缘、极性、变比、容量、准确级检查、校核。

（4）路径经过室外的电缆必须使用铠装电缆；交流、直流、强电、弱电二次回路，均应使用各自独立的电缆，保护用电缆与动力电缆不应同层敷设，所有二次电缆均应使用屏蔽电缆，电缆屏蔽层应在电缆两端可靠接地。

（5）静态保护和控制装置的屏柜下部应设有截面面积不小于 $100mm^2$ 的接地铜排。屏柜上装置的接地端子应用截面面积不小于 $4mm^2$ 的多股铜线与接地铜排相连。

（6）电流回路的电缆芯线，其截面面积不应小于 $2.5mm^2$，并满足电流互感器对负载的要求；强电回路控制电缆或绝缘导线的芯线截面面积不应小于 $1.5mm^2$，屏柜内导线的芯线截面面积不应小于 $1.0mm^2$；检查弱电回路芯线截面面积不应小于 $0.5mm^2$。

（7）正、负电源之间以及经常带电的正电源与合闸或跳闸回路之间应有空端子隔开。

（8）重点关注继电保护等电位接地网的安装应满足要求（就地设备端子箱、TV 端子箱、TA 端子箱内应按要求敷设等电位接地网并按要求进行连接），同时关注继电保护设备机箱应按要求构成良好的电磁屏蔽体，并有可靠的接地措施。

（三）调试及验收阶段

（1）断路器防跳试验、非电量保护装置中间继电器动作功率和动作时间，测试、保护级 TA 10%误差曲线校核，保护装置在 80%额定电压下整组传动等试验项目。

（2）对照《防止电力生产事故的二十五项重点要求》（国能安全〔2014〕161 号）检查交、直流二次回路接线正确性、牢固可靠性，对接地点与接地状况的绝缘情况进行检查。

（3）机组并网前，应做好核相及假同期试验；发电机在进相运行前，应仔细检查和校核发电机失磁保护的测量原理、整定范围和动作特性，防止发电机进相运行时发生误动行为。

（4）新安装的气体继电器必须经校验合格后方可使用。气体继电器应在真空注油完毕后再安装。瓦斯保护投运前必须对信号、跳闸回路进行保护试验。

（5）进行继电保护定值整定计算时应按系统年度阻抗及时校核有关保护定值。在整定计算中需注意与汽轮机超速保护，励磁系统过励、低励、U/f（电压/频率）限制保护和厂用电系统的整定配合关系。

（6）整组试验前先进行每一套保护（指几种保护共用一组出口的保护总称）带模拟断路器（或带断路器及采用其他手段）的整组试验。每一套保护传动完成后，还需模拟各种故障，用所有保护带实际断路器进行整组试验。

（7）新安装或经更改的电流、电压回路，应直接利用工作电压检查电压二次回路，利用负荷电流检查电流二次回路接线的正确性。装置未经该检验，不能正式投入运行。

（8）机组并网前，应做好核相及假同期试验等工作。

（9）发电机在进相运行前，应仔细检查和校核发电机失磁保护的测量原理、整定范围和动作特性，防止发电机进相运行时发生误动行为。

（四）生产运行阶段

（1）关注继电保护装置的运行情况，保护装置有无异常报警及运行异常的状况。

（2）定期开展保护装置投退和保护装置的核查工作；定期对各 TA 二次回路开展红外测温工作，定期对各保护装置采样进行检查，重点检查各 TA 二次回路中性线电流和 TV 二次回路中性点电压。

（3）在运行的设备上开展工作时，应严格执行各项规章制度及反事故措施和安全技术措施，杜绝继电保护人员因人为责任造成的"误碰、误整定、误接线"事故。

（4）建立定期检查和记录差流的制度，从中找出薄弱环节和事故隐患，及时采取有效对策。对配置单套发电厂差动保护的母线应尽量减少母线无差动保护时的运行时间。

（5）微机型差动保护应能在差流越限时发出告警信号，严禁无母线差动保护时进行母线及相关元件的倒闸操作。

（6）微机型保护装置的电源板（或模件）应每 6 年更换一次，以免由此引起保护拒动或误启动。

（7）对于发电机出口 TV 一次侧的熔断器应根据实际情况定期更换，宜每年更换 1 次，以防发电机因长期振动而磨损，造成熔丝自动熔断所引起的不正确动作。

（五）检修阶段

（1）在一般情况下，定期检验应尽可能配合在一次设备停电检修期间进行。

（2）新安装装置投运后 1 年内应进行第一次全部检验。

（3）检修时重点关注继电保护装置动作逻辑、零漂、定值准确性的检验情况。

（4）检修设备在投运前，应认真检查各项安全措施恢复情况，防止电压二次回路

（特别是开口三角回路）短路、电流二次回路（特别是备用的二次回路）开路和不符合运行要求的接地点的现象，定期检查和分析每套保护在运行中反映出来的各类不平衡分量。

（5）新安装、全部和部分检验的重点应放在微机型继电保护装置的外部接线和二次回路，定期检验周期计划的制定应综合考虑设备的电压等级及工况。

（6）110kV 电压等级的微机型装置宜每 2～4 年进行一次部分检验，每 6 年进行一次全部检验；非微机型装置参照 220kV 及以上电压等级同类装置的检验周期。

（7）低压厂用电 PC 进线断路器若配置智能保护器，宜每 2～4 年做 1 次定值试验，保护出口动作试验应结合断路器跳闸进行。智能保护器试验一般分为长时限过流、短时限过流和电流速断保护试验。智能保护器试验一般使用厂家配备的专用试验仪器。

五、励磁监督

励磁监督应参考 DL/T 1049 并结合本厂实际情况开展。

（一）设计选型阶段

（1）电厂应对励磁方式、励磁变压器容量、电刷型号、功率柜配置及主要元器件的设计选型进行监督，对励磁系统与 DCS、AVC、继电保护装置、同期装置及故障录波器等相关设备的接口设计情况进行监督检查。

（2）设计选型阶段，应重点关注的内容包括接入保护柜或机组故障录波器的转子正、负极应采用高绝缘的电缆且不能与其他信号共用电缆；励磁系统的整流装置在 $N-1$ 模式下应能满足强励及 1.1 倍额定励磁电流连续运行的要求；风冷整流装置如有停风情况下的特殊运行要求，并列运行的支路数的最大连续输出电流值，应按照停风情况下的运行要求配置，风冷整流装置风机的电源应配置双电源；励磁调节器应具备电力系统稳定器（PSS）、无功电流补偿功能、过励（强励）限制功能、欠励限制功能、U/f 限制功能、电压互感器断线保护功能、定子电流限制功能。

（3）设备监造阶段应重点关注励磁系统各部件的绝缘试验，励磁调节装置各单元特性测定，副励磁机负荷特性试验，励磁调节装置静态特性测定，励磁系统的操作，保护、限制及信号回路动作试验、励磁装置老化试验及型式试验的开展情况。

（二）安装调试阶段

（1）编制安装阶段监督计划，明确各重要节点的质量见证点，落实验收各见证点。重点对励磁变压器和励磁调节器等装置安装基础的施工进行检查及验收，对励磁相关二次电缆的敷设进行监督。

（2）设备安装阶段应重点关注的内容包括励磁调节器内控制电缆均应采用屏蔽电缆，电缆屏蔽层应可靠接地，励磁变压器高压侧封闭母线外壳用于各相别之间的安全接地连接应采用大截面金属板，不应采用导线连接；励磁盘柜之间接地母排与接地网应连接良好，应采用截面面积不小于 $50mm^2$ 的接地电线或铜编织线与接地扁铁可靠连接，连接点应镀锡；对于在励磁小室内布置的励磁盘柜，应保证盘柜的散热性能符合要求。

（3）依据标准相关项目对静态、空负荷、带负荷等不同阶段调试的关键节点进行监督并见证。

（4）调试及验收阶段应重点关注励磁调节器电压静差率测定、无功电流补偿率测定、励磁调节器开环小电流试验、转子过电压保护试验、发电机空载阶跃响应和负载阶跃响应品质测定、调节器通道和控制方式的人工和模拟故障（电压互感器断线、工作电源故障等）的切换试验、手自动方式及直跳灭磁开关的灭磁试验，低励限制、过励限制、定子过流限制以及 U/f 限制功能和整定值检查试验等内容；如灭磁开关跳闸回路采用中间继电器，还需关注灭磁跳闸中间继电器的动作功率和动作时间测试，以及励磁系统的涉网试验，包括励磁系统参数测试、电力系统稳定器（PSS）试验、发电机进相试验等。

（三）生产运营阶段

（1）电厂应建立励磁主要设备（如励磁变压器、整流柜、灭磁开关、阻容吸收电阻、电刷及刷架等）的红外成像图库并分类存放，应根据红外成像图库整理不同负荷下主要设备的运行温度数据，形成温度变化趋势图，及时进行对比和分析。

（2）根据设备特点、机组负荷、环境因素等加强励磁调节器、功率柜等装置的散热监测，合理制定风道滤网清洗和更换的周期。

（3）检查励磁装置有无故障报警；检查调节器工业控制机有无死机、黑屏或通信故障等；应与 DCS 和发电机－变压器组保护装置等采样值进行对比，确认励磁电压、励磁电流正确无误。观察功率整流装置输出电流，计算励磁调节器均流系数。

（4）应确认 PSS 投退开关、就地/远方切换开关、功率柜脉冲投切开关等位置正确；应检查风机运转正常，无异声，定期清洁整流柜前、后滤网积灰，积灰严重时应更换滤网。

（四）检修阶段

（1）励磁检修阶段监督的重点是审查励磁试验项目的周期、试验数据及试验结果的正确性。同时，宜增加磁场断路器导电性能测试、非线性电阻特性测试及转子过电压保护测试等项目，并对测试结果进行确认。

（2）应关注对附属设备如励磁封闭母线（或电缆）、励磁用电压和电流互感器、功率柜风机等的检查。合理确定有针对性的检验项目，但应至少包含励磁主要部件和回路的绝缘试验，应加强对励磁共箱母线的绝缘检查、主要设备的清扫，滤网清洁或更换、励磁调节器模拟量采样检查、开入开出量传动检查、二次回路接线紧固、发电机电刷检查、碳粉清理、励磁系统参数核对试验等。

（3）检修结束后，技术资料按照要求归档，设备管理台账应实现动态更新，应及时编写检修报告，并履行审批手续。

六、金属监督

（一）设计选型阶段

（1）重点应对部件的选材，特别是超（超）临界机组高温部件的选材进行论证。尤其应对锅炉受热面的选材、管屏布置、强度计算书、设计面积、壁温计算书、材料最高许用壁温、壁温测点布置等进行审核。

（2）对于大型亚临界、超（超）临界锅炉，设计时应充分考虑过热器、再热器管材料实际抗高温蒸汽氧化能力和内壁氧化皮剥落后堵管的隐患问题，所选材料的允许使用温度应高于计算壁温并留有裕度。

（3）受热面应考虑采用国内外应用成熟的钢种：超临界锅炉高温过热器、再热器不宜选择 T23、T91、TP304H 材料；超超临界锅炉高温过热器、再热器不宜选择 TP304H、TP347H 材料；超（超）临界锅炉选用奥氏体不锈钢时，应优先选用内壁喷丸处理过的钢管或细晶粒钢。

（4）锅炉受热面管屏穿顶棚管与密封钢板的设计连接结构形式和焊接工艺，应能防止与管子的密封焊缝产生焊接裂纹、较大的焊接残余应力和长期运行后发生疲劳开裂泄漏事故。

（二）制造安装阶段

（1）应委托有资质的设备监造单位开展设备监造，监造单位应按照相关标准中有关质量要求条款及本导则的要求，编制制造质量监造计划，设置质量控制点，严格把好质量关，努力消灭常见性、多发性、重复性质量问题，把产品缺陷消除在制造厂内，防止不合格品出厂。

（2）三大主设备、压力容器及重要金属受监部件（汽轮机本体、发电机本体、锅炉本体、除氧器、高压加热器、低压加热器等）制造阶段应由有资质的专业人员驻制造厂进行监造。监造过程至少需进行以下文件见证：原材料证明和入厂复验报告（包括化学成分和机械性能等），焊接工艺、焊缝无损检测报告（含返修），热处理记录，高、中、低压转子的脆性转变温度试验报告和残余应力试验报告，汽缸、阀体缺陷的挖补记录，高温螺栓的硬度报告、金相检验报告，安全阀合格证/试验记录，进口件质量证明文件，加热器管子涡流检测报告、管板超声检测报告，受热面通球记录，水压试验报告。

（3）锅炉、压力容器及四大管道安装前必须由有资格的检验单位进行安全性能检验。检验单位应按照 DL 647 等相关标准中有关质量要求条款及本部分的要求，编制安全性能检验大纲，努力消除产品制造质量问题，防止存在制造缺陷的部件安装投运。各发电企业要结合相关标准，规定安全性能检验抽查项目的最低要求。

（4）锅炉、压力容器安装单位应到当地负责特种设备安全监督管理的部门办理告知手续；新建锅炉的安装质量监督检验必须由有资格的检验单位进行。安装过程中要着重做好金属材料、焊接质量、无损检测等方面的监督。

（三）运行检修阶段

（1）在役检修阶段，应严格按照相关标准、规程的要求，根据设备制造、安装和运行中发现的问题，结合设备目前的实际情况，制定金属检验检测项目计划，做到不缺项、不漏项。对于检修中检查发现的设备缺陷，要举一反三，及时扩大检查范围。

（2）应加强对超期服役机组的监督与检验工作，根据相关标准、规程、导则及制度，及时开展设备普查、寿命评估及更换工作，保证机组的长周期安全运行。

（3）作为承压类特种设备管理的锅炉、压力容器及压力管道，应严格按照 TSG 11《锅炉安全技术规程》、TSG 21《固定式压力容器安全技术监察规程》、TSG D7005《压力管道定期检验规则——工业管道》的规定开展定期检验，确保相关设备在定期检验有效期内服役；对无法按期实施定期检验的特种设备，应提前办理延期检验手续，并做好安全防范措施。

七、化学监督

（一）设计选型阶段

（1）锅炉补给水系统的水源选择应遵循经济、可靠及环保的原则，并结合当地长期经济和城乡发展规划评估水源的变化趋势。锅炉补给水处理系统的工艺选择和工程设计应做到节约用水、降低能耗、保护环境，便于安装、运行和维护，并满足生产过程中各种工况变化的要求。锅炉补给水处理系统设计前应按照 DL 5068 的规定取得全部可利用的水源水质分析资料。

（2）对于超临界及以上参数汽轮机组或由直流炉供汽的亚临界及以下参数的汽轮机组，全部凝结水应进行精处理，精处理系统应设置除铁和除盐装置。精处理系统应设置体外再生设备。凝结水精处理系统的工艺选用应符合 DL 5068、DL/T 333.1 或 DL/T 333.2 的规定，并确保系统出水满足 GB/T 12145 的要求。

（3）凝结水、给水、锅水、闭式循环冷却水的加药系统应符合 DL 5068 的要求，循环冷却水系统的加药设计应符合 GB/T 50050 的要求，停炉保养加药宜利用给水、凝结水加药系统，也可单独设置加药装置，热网循环水若采用加缓蚀剂的防腐方法，宜考虑设置加药装置。定子内冷水应按照 DL/T 1039 的要求。

（4）应根据设计主力煤源、运输方式，考虑煤场采样设备与制样设备的匹配性。入厂煤质检站与煤场距离应适中，便于实现自动化运行和管理。运煤系统应考虑发电厂投产后煤源和煤质变化的可能性，必要时应适当提高运煤系统对煤源和煤质变化的适应能力。

（5）入厂煤采制样设备的选择应符合 GB 475 的技术要求。水路来煤的电厂，当码头岸边带式输送有条件时，宜在码头岸边带式输送上设入场煤采制样装置。所设置的入厂煤采制样装置应符合 DL/T 569 技术要求。铁路来煤的发电厂，采制样装置的地面大车行走轨道的长度应满足 2～3 节车厢以及每节车厢采 3 个字样点的距离要求，同时安全尺的位置应保证终端开关动作后大车有不小于 1m 的滑行距离。汽车采样装置应符合 DL/T 569 要求。

（6）化学实验室设计应满足电力行业对水质、煤质和油质规定的基本需求，并结合检测技术与设备发展，预留出实验室扩建空间。鼓励企业开展实验室信息化建设。

（二）安装调试阶段

（1）设备及管道在安装前，应对其内部进行检查，必要时应用无油压缩空气吹扫，去除内部铁锈、泥沙、尘土、焊渣及保温材料等污物。大口径管必要时可进行人工除锈处理。小口径管可依据 DL/T 889 规定，采用无油压缩空气将相当于管径 2.5 倍的海绵球通过管道，以擦拭管道内壁。

（2）锅炉水压试验应采用除盐水，加氨调节 pH 值至 10.5 以上，并确保过热器、再热器排气门溢出水或锅水中的氯离子含量小于 0.2mg/L，否则进行置换处理，直至合格。若锅炉水压试验合格后需要放置 2 周以上，应进行防锈保护。

（3）炉前系统及锅炉本体的化学清洗应按照 DL/T 794 执行，过热器和再热器清洗应按照 T/CEC 144《过热器和再热器化学清洗导则》执行，化学清洗后应对凝汽器、除氧器、汽包及水冷壁下联箱等部位进行彻底清理，清除残渣。化学清洗期间贮水量、供水量应能满足化学清洗和水冲洗的用水需要。锅炉化学清洗后应在 20 天内启动运行，否则应进行防锈保护，保护方法按照 DL/T 956 执行。

（4）机组整套启动试运行阶段，应达到 DL/T 889 所规定的要求。化学除盐水箱应处于高位，补给水处理系统能正常运行制水，补给水质量应符合 GB/T 12145 的要求，发电机内冷却水的处理设备应能投入运行，除氧器应投入正常运行。机组整套启动及 168h 满负荷试运行阶段水、汽质量控制应按照 DL/T 889 进行。

（5）新变压器油在交货时，应对接受的全部油样进行监督，以防出现差错或带入杂物。国产新变压器油应按 GB 2536 验收。对进口的变压器油则应按 IEC 60296 或合同规定指标验收。新油注入设备前必须用真空脱气滤油设备进行过滤净化处理，以脱除油中的水分、气体和其他杂质，随时进行油品的检验，以满足 GB/T 14542 的要求。互感器和套管用油的检验依据 GB 50150 有关规定执行。

（6）新油经真空过滤净化处理达到要求后，应从变压器下部阀门注入油箱内，使氮气排尽，最终油位达到大盖下 100mm 以上，油的静置时间应不小于 12h。真空注油后，应进行热油循环，热油经过二级真空脱气设备由油箱上部进入，再从油箱下部返回处理装置，一般控制净油箱出口温度为 60℃（制造厂另外规定除外），连续循环时间为三个循环周期。经过热油循环后，应按 GB/T 14542 规定进行试验。

（三）生产运行阶段

（1）水汽监督项目与指标应按照 GB/T 12145、DL/T 805.1、DL/T 805.2、DL/T 805.3、DL/T 805.4、DL/T 805.5 等标准中的最严格规定，确定机组的水汽监督项目与指标。在线化学仪表应按照 DL/T 677 的技术要求进行定期检验及校准。投入率应不低于 98%，合格率应不低于 96%。

（2）不合格疏水、生产返回水不应直接进入热力系统。对于汽包炉，应根据锅水水质，决定排污方式及排污量，并按水质变化进行调整。总排污量不应小于蒸发量的 0.3%。

（3）应掌握水源水质的变化及其规律。若发现水源水质突然变差、变浑，应及时采取措施，保证水处理设备正常制水。应按照 DL/T 300《火电厂凝汽器管防腐防垢导则》加强循环水处理系统与药剂的监督管理。发电机内冷水的水质监督应按 DL/T 801《大型发电机内冷却水质及系统技术要求》的有关规定执行。机组运行过程中应加强凝结水处理装置运行管理，直流炉凝结水应进行 100%水量处理。

（4）热力设备在停（备）用期间，应符合 DL/T 956 的有关规定。检修阶段热力设备各部位检查内容、检查方法和评价标准应按 DL/T 1115 执行。停（备）用机组启动前，应冲洗高、低压给水管道和锅炉本体，待铁含量合格后再点火。机组启动时，凝结水、疏水质量不合格不应回收，蒸汽质量不合格不应并汽。水汽质量应符合有关规定，水汽循环系统质量劣化时按照 GB/T 12145 规定处理。

（5）运行中变压器油的监督根据 GB/T 7595 的要求执行。判断变压器油在运行中劣化程度和污染状况时，应根据实验室所测得的所有试验结果，结合油的劣化原因以及污染源一起考虑，方能评价油是否可以继续运行。当试验结果超出了所推荐的极限值范围时，应与以前的试验结果进行比较后判断发展趋势。

（6）电力变压器、电抗器、互感器和套管投运前应进行油中溶解气体组分含量的检测，如果在现场进行感应耐压和局部放电试验，则应在试验后再作一次检测。制造厂规定不取样的全密封互感器不做检测。新的或大修后的变压器和电抗器至少应在投运后 1d（仅对电压 330kV 及以上的变压器和电抗器、容量在 120MVA 及以上的火力发电企业升压变压器）、4、10、30d 各做一次检测，若无异常，可转为定期检测。当设备出现异常情况（如气体继电器动作，受大电流冲击或过励磁等）或对测试结果有怀疑时，应立即取油样进行检测，并根据检测出的气体含量情况，适当缩短检测周期。

（7）润滑油系统旁路净化装置应连续运行，以减少油中杂质的积累。正常运行情况下润滑油补油率每年应少于 10%，日常检查油中水分和杂质时，应从油箱底部取样。当系统进行冲洗时，应在系统中设置管道取样点。具体取样规定应符合 GB/T 14541 中的有关要求。新油的验收指标和标准参照 GB 11120 执行。运行中汽轮机油质超标时，应及时查明原因并采取处理措施，应考虑补油（注油）或补加防锈剂等因素及可能发生的混油影响。

（8）机组正常运行情况下每年至少进行一次抗燃油油质全分析。检修机组启动运行24h 后，应从设备中取两份油样，一份做全分析，一份保存备查。运行中的电液调节系统需要补加磷酸酯抗燃油时，应补加经检验合格的相同品牌、相同牌号规格的磷酸酯抗燃油。补油前应对混合油样进行油泥析出试验，油样的配比应与实际使用的比例相同，试验合格方可补加，不同品牌规格的抗燃油不宜混用。

（9）燃料采制化人员必须经过有关部门组织的专业取证培训后持证上岗。燃料采制化人员原则上应由本单位正式职工担任，燃料监督工作必须有完整的监管和审核程序。机械采样装置投用前或检修后必须由相关单位根据 GB/T 19494 中的相关要求完成性能验收试验，合格后方可投用。燃料监督使用的各种仪器设备应进行计量检定。

（10）机械采样器正常投用期间不应人工采样，如遇设备缺陷或检修时方可按照 GB 475《商品煤样人工采取方法》和 GB/T 18666《商品煤质量抽查和验收方法》进行人工采样作业。人工采样应履行厂内汇报审批手续，人工采样需两人以上同时作业并相互监督，不允许单独采样作业。应同时记录停用机械采样器的原因和时间。

（11）火车运煤应逐车采样、船运煤应采用皮带采样机或汽车采样机进行采样，按批对煤种进行工业分析及全水分、发热量和全硫值的检验。新进煤源应化验煤灰熔融性、可磨性系数、煤的磨损指数、煤灰成分及元素分析，以确认是否适用于本厂锅炉的燃烧。入厂煤应每季度进行一次元素分析，确定各个煤源煤的氢值，以计算低位发热量。每半年要按煤源对入厂煤源的混合样进行一次煤、灰全分析，以充分掌握各矿的煤质特性及其变化趋势，为今后选择煤源提供依据。

（12）入炉煤质量监督以每次上煤的上煤量为一个采样单元，全水分测定以每次上煤量为一个分析检验单元，一天的加权平均值作为全天的全水分。工业分析、发热量测定以一天（24h）的上煤量混合样作为一个分析检验单元。如果入炉煤煤质波动大时，应按每次上煤量作为一个分析检验单元，再用加权平均值计算一天（24h）入炉煤的全水分、工业分析、发热量。每半年及年终对入炉煤按月的混合样进行煤、灰全分析。

八、热工监督

（一）设计选型阶段

按 GB 50660、DL/T 5175《火力发电厂热工控制系统设计技术规定》、DL/T 5182《火力发电厂仪表与控制就地设备安装、管路、电缆设计规程》、DL/T 5428《火力发电厂热工保护系统设计技术规定》等相关标准要求执行，审核热控设备选型、硬件配置及热控系统逻辑功能设计、控制策略的正确性、合理性。主要监督内容举例说明如下。

1. 现场测量仪表和控制设备

（1）电（气）动执行机构应具有可靠的保护功能，当失去控制信号、仪用气源或电源故障时，保持故障前的位置或使被控对象按预定的安全方向动作。

（2）汽轮机调速汽门阀位反馈装置（LVDT）应采用双冗余高选方式设计，由于主设备原因不具备安装双支 LVDT 条件时，必须采用经实际使用验证确实安全可靠的 LVDT 装置。

（3）炉膛压力保护信号的检测宜选用能连续输出模拟量的变送器，压力取样管路宜配备吹扫防堵装置；高/低压加热器、凝汽器、除氧器等液位保护信号的检测也宜选用能连续输出模拟量的变送器。

（4）风烟流量测量宜选用多点矩阵测量装置并具有自清灰防堵功能。

（5）所选电缆应满足信号屏蔽、阻燃、防腐、抗磨损等性能要求，符合 DL/T 5182 的规定。

2. 热控报警保护系统设计

（1）根据热控报警信号的重要程度合理分配报警级别，报警信息应描述准确、清晰。热控保护系统输出的操作指令应优先于其他任何指令，即执行"保护优先"的原则。

（2）所有重要的主、辅机保护都应采用"三取二"的逻辑判断方式，保护信号应遵循从取样点到输入模件全程相对独立的原则，确因系统原因测点数量不够，应有防保护误动作措施。

（3）锅炉总燃料跳闸（MFT）系统、汽轮机紧急跳闸系统（ETS）、发电机跳闸系统（GTS）间的跳闸指令，应至少有三路信号，通过各自的输出模件，并按三选二逻辑实现跳闸功能。

（4）除特殊要求的设备外（如紧急停机电磁阀控制），其他所有设备都应采用脉冲信号控制，防止因分散控制系统失电导致停机、停炉时而引起该类设备误停运，造成主设备或辅机的损坏。

（5）为确保安全停炉、停机，应在控制盘（台）上装设独立硬接线后备手动操作开关或按钮且直接接至相应的驱动回路。

3. 电源与气源

（1）分散控制系统必须有可靠的两路独立的供电电源，优先考虑单路独立运行就可以满足控制系统容量要求的二路不间断电源（UPS）供电。

（2）UPS 供电主要技术指标应满足 DL/T 5455 的要求，并具有防雷击、过电流、过电压、输入浪涌保护功能和故障切换报警显示，且进入 DCS 供电电源电压宜进入相邻机组的 DCS 以供监视；UPS 的二次侧不经批准不得随意接入新的负载。

（3）重要的热控系统双路供电回路，应取消人工切换开关；所有的热工电源（包括机柜内检修电源）必须专用，不得用于其他用途，严禁非控制系统用电设备连接到控制系统的电源装置。保护电源采用厂用直流电源时，应有发生系统接地故障时不造成保护误动的措施。

（4）气动仪表、电气定位器、气动调节阀、气动开关阀等应采用仪表控制气源，仪表连续吹扫取样防堵装置宜采用仪表控制气源。

（5）气源装置宜选用无油空气压缩机，仪表与控制气源应有除油、除水、除尘、干燥等空气净化处理措施。气源应能满足气动仪表及执行机构要求的压力。当气源装置停用时，仪表与控制用压缩空气系统的贮气罐的容量，应能维持不小于 5min 的耗气量。

（6）供气母管上应配置空气露点检测装置。多台空气压缩机的启停应设计压力联锁功能，以保持空气压力稳定。

（7）参与并监督 DCS 出厂测试及验收，对模件 I/O 通道的精度、控制站的配置、冗余控制器无扰切换、DCS 性能测试等方面进行重点关注。

（二）安装调试阶段

（1）对新建、扩建、改建工程的安装与调试过程进行全过程监督，对施工单位和监理单位的施工资质、监理资质进行监督，对发现的安装、调试质量问题应及时予以指出，要求限时整改。

（2）设备安装前应对取源部件、检测元件、就地设备、就地设备防护、管路、电缆敷设及接地等提出安装要求，安装单位应编制安装方案报电厂审核通过后方可实施安装。在安装阶段，自动化系统施工前应以设计和制造厂的技术文件为依据，全面核对系统布置、电缆接线、盘内接线和端子接线图。待安装的热控系统应妥善管理，防止破损、受潮、受冻、过热及灰尘浸污。

（3）安装后应对重要热工仪表做系统综合误差测定，确保仪表的综合误差在允许范围内。就地热控设备应有必要的预防堵塞、振动、高/低温、灰尘、潮湿、腐蚀等措施。设备安装位置应便于检修维护。特别注意测点位置、测点型式、尺寸规格、安装工艺等，重点关注隐蔽工程和关键部件的检查及验收工作。

（4）调试验收工作应对照 DL/T 5294、DL/T 5277《火电工程达标投产验收规程》、DL 5190.4《电力建设施工技术规范 第 4 部分：热工仪表及控制装置》、DL/T 822《水电厂计算机监控系统试验验收规程》等国家、行业相关质量验收标准执行，采用工程建设资料审查及现场试验检验方式，对违反标准、规范要求的调试措施应及时提出更改建议。

（5）新投产机组的热控系统调试应由有相应资质的调试机构承担。调试单位和监督、监理单位应参与工程前期的设计审定及出厂验收等工作。

（6）调试单位在发电企业和电网调度单位的配合下，应逐套对保护系统、模拟量控制系统、顺序控制系统和 RB 功能按照有关规定和要求进行各项试验，做到试验无遗漏。

（7）自动化系统启动验收前应完成自动发电控制（AGC）、一次调频试验，试验指标满足电网要求。调试工作结束后，对调试单位编制的调试报告进行监督，包含各调试项目开展情况、测试数据分析情况及调试结论。对不满足国家、行业相关技术指标的，应提出整改方案并监督实施。

（8）监督验收应依据国家和行业标准、审定的工程设计文件、工程招标文件和采购合同、与工程建设有关的各项合同、协议及文件，监督工程实施情况、工程质量、工程文件等的验收工作，对工程遗留问题提出处理意见。

（9）监督基建安装调试资料的交接工作。安装、调试单位应将设计单位、设备制造厂和供货单位为工程提供的热控技术资料、专用工具、备品配件，以及仪表检定记录、调试记录、调试总结等有关档案材料列出清单，并全部移交生产单位。生产运营单位资料档案室应及时将资料清点、整理、归档。

（三）生产运行阶段

（1）对运行中的热工仪表及控制系统，热工专业应制定明确可行的巡检路线，并定期巡检。应制定和执行热控专业巡检标准卡，重点巡检热控电源及自动化设备的工作状态和电子间的环境温度、湿度，做好巡检记录，发现异常及时汇报处理，对系统巡检制度、巡检维护记录、巡检过程中发现的重要问题及缺陷处理情况进行监督。

（2）自动化设备应保持整洁、完好，标志正确、清晰、齐全；仪表指示准确，信号反应灵敏，记录清晰；热控报警及时、正确、可靠；开关、按钮及执行机构手轮等操作装置，应有明显的开、关方向标志，操作灵活、可靠。

（3）自动化系统用交、直流电源及熔断器应标明电压、容量、用途。热控电源不能作为照明电源、动力设备电源及其他电源使用。热控盘内、外应有良好的照明，盘内电缆入口要封堵严密、干净整洁。热控系统的电缆、热控取样管路和一次设备，应有名称和走向的标志牌。

（4）热控自动调节和保护系统应分别满足热控调节品质指标和热控技术监督考核指标要求；对满足要求的控制指标，通过逻辑优化和试验调整，有效进行事故防范。

（5）对热工控制系统和设备定值的定期复核进行监督。系统参数发生大的变化、主设备技术参数变更、运行控制方式变化、运行条件变化时，相应设备定值应对照国家、行业规程、标准、制度以及设备运行参数进行重新整定并审批执行。

（6）监督热工控制系统及设备应急预案和故障恢复措施的制定情况，不定期检查反事故演习、数据备份、病毒防范和安全防护工作的落实情况。应定期备份控制系统软件。主要参数的运行数据应可追溯。

（7）检修期间，自动化系统的检修宜随主设备的检修同时进行，检修周期按 DL/T 838《火力发电企业设备检修导则》的规定确定。热控系统的检修项目，应符合 DL/T 774《火力发电厂热工自动化系统检修运行维护规程》的规定。检修、检定和调试均应符合检修工艺要求。技术改造项目应有设计图纸及说明并经技术论证。

（8）应预留机组启动前热控系统全面检查、试验和调整的时间。对隐蔽安装的热控检测应重点检查，并做好记录。A 级检修应按照 DL/T 838 的规定进行 TSI 的整定校核。主要热控检测参数应进行系统综合校验，其系统综合误差应符合要求。检修后应对主、辅设备的热控联锁保护系统进行传动试验。保护联锁试验应尽量采用物理方法进行实际传动，如条件不具备，可在测量设备校验准确的前提下，在现场信号源点处模拟试验条件进行试验。检修后自动化机柜与仪表台盘底部的电缆孔洞应严密封闭，以防尘、防火。检修、技术改造、检定、校验和试验记录等技术资料应在检修工作结束后及时整理归档。

九、节能监督

（一）设计与设备选型阶段

（1）电厂节能监督人员、调试单位和性能试验单位相关人员应尽早参与设计与设备选型工作。应开展节能经济技术对比，在系统优化、设备选型、材料选择等方面，综合考虑节煤、节电、节油、节水等各项措施，确定先进合理的煤耗、油耗、电耗、水耗等能耗设计指标和先进合理的设计方案，对影响节能指标的内容提出意见。

（2）设备选型应经过充分调研，设备的性能指标和参数应与同容量、同参数、同类型设备对比。根据已投运设备的实践经验，在主、辅机设备及系统设计、选型时，应监督设计单位采用先进的工艺、技术，选择成熟、高效的设备，参与审核环保设备及系统的技术经济比较方案。

（3）设备采购阶段应严格招标制度，进行经济、技术对比分析，参与审核设备采购技术协议，应重点关注设备的技术参数、性能指标水平及性能考核验收标准等条款。

（4）对设计的热力试验测点进行审查，确保足够、合理，以满足机组投产后经济性测试和分析；监督、审核机组能源计量器具的设计和配备。

（5）燃煤发电机组按单位装机容量核定取水量，单位装机取水量计算方法和取水量定额指标符合 GB/T 18916.1《取水定额　第 1 部分：火力发电》的规定，鼓励火力发电企业使用再生水。应制定节水设计方案并进行审核，提出节能监督意见。

（二）安装调试阶段

（1）安装阶段宜确定性能试验单位，性能试验单位会同设计、制造、建设和业主单位，根据试验标准布置试验测点，确定测点位置、测点型式、尺寸规格、安装工艺并落实安装单位。试验测点应满足 DL 5277《火电工程达标投产验收规程》、DL/T 5437 规定的性能试验项目的要求，以及满足其他约定的试验项目的要求，重要热力测点安装应用清单形式重点跟踪。

（2）应参与对锅炉易漏风部位的安装质量检查、空气预热器密封间隙的调整控制验收、汽轮机通流部分间隙的调整控制验收、重要烟风挡板和阀门的安装调试质量验收等；应监督凝汽器汽侧灌水查漏试验、炉膛及烟风系统严密性试验、锅炉冷态试验、风量调平和标定试验的开展并对结果进行评价；应参与对热力设备及管道保温材料的到厂检查和保管，参与对保温施工质量的验收。

（3）机组在考核期内，应按基本建设工程启动及竣工验收相关规程中规定的性能、技术经济指标确定考核项目，按国家标准或发电企业与制造厂商定的标准进行热力性能试验和技术经济指标考核验收。

（4）发电企业在考核期内应完成锅炉热效率等节能试验项目，见表 4-3。

表 4-3 　　　　　　　发电企业考核期内应完成的节能试验项目

序号	机组类型	试验项目
1	燃煤发电机组	锅炉热效率试验、锅炉最大出力试验、锅炉额定出力试验、锅炉不投油最低稳燃出力试验、制粉系统出力试验、磨煤机单耗试验、空气预热器漏风率试验、汽轮机最大出力试验、汽轮机额定出力试验、热耗率试验、机组供电煤耗试验、机组厂用电率测试、机组散热测试、其他与能耗相关性能试验
2	燃气机组（燃气－蒸汽联合循环机组）	热效率试验、最大出力试验、额定出力试验、热耗试验、供电气耗试验、其他与能耗相关性能试验

（三）生产运行阶段

（1）节能监督管理人员应熟悉厂内机组不同层次的经济调度和主、辅机优化运行方式，制定相应的负荷调度方案，积极取得调度部门的理解和支持，对机组的启停和负荷分配进行科学的调度，合理分配电、热负荷，统筹协调电量置换，重点对标同时期、同地域、同类型先进机组，针对本企业节能和用能状况进行分析、评价，组织编写节能分析报告并提出建议，以达到较好的节能效益。

（2）发电企业应完整、规范记录各项重要参数，并按规定统计、计算各项指标，形成月度、季度、年度报表。每月召开一次节能分析会，应掌握节能指标的变化情况，及时了解设备运行状态。应定期对节能相关能耗指标与运行小指标进行统计、计算、分析和对标，对于指标异常情况，应及时分析原因并要求相关部门采取措施进行调整。

（3）发电企业应定期开展对用能设备的效率监测和测试，在机组 A 级检修前后、主辅设备改造前后，应进行相应的性能试验以及其他试验项目。企业宜配备节能试验人员，开展常规项目的定期检测和分析，必要时可委托具有检验、试验资质和能力的专业机构承担检验、试验项目，并做好外委试验工作管理和技术方面的监督。应结合电厂实际制定节约用电、节约用水、节约用油的技术措施，并监督执行情况。应按照规程规定及时做好锅炉炉膛、烟道和空气预热器的吹灰工作，加强对锅炉受热面积灰情况的监督。

（4）应积极组织开展汽轮机流量特性及调节汽门优化、滑压优化、冷端运行优化、加热器经济水位调整、凝结水系统经济运行、汽轮机辅机经济运行、制粉系统调整、锅炉燃烧调整、喷氨优化、吹灰方式优化、机组启停优化、脱硫/脱硝/除尘/化水系统等运行优化试验，寻找最佳运行方式。应监督相关定期试验（测试）工作的开展情况，如真空严密性试验、冷却塔性能测试、空气预热器漏风率测试、保温测试、全厂能量平衡测试（含热、水、电、燃料）。应监督煤、灰、渣、水、汽、油的定期化验工作。

（5）发电企业宜委托技术监督服务单位开展节能技术监督工作，技术监督服务单位每年应至少组织一次现场检查，检查人员根据企业提供的资料、技术数据以及现场检查设备的运行参数和状况，采取征询有关人员意见等方式，查找存在的问题并分析原因，定性、定量分析节能潜力，及时提出整改措施、建议及节能降耗的工作方向。

（6）技术监督服务单位应组织对发电企业开展能耗状况评价，能耗状况评价宜每三年不少于一次，评价期宜选择近期一个完整年度，检查和评价方法参照 DL/T 255《燃煤电厂能耗状况评价技术规范》。实际操作中可根据监督区域内的实际情况进行调整或修改。

（四）检修改造阶段

（1）建立健全设备维护、检修管理制度，建立完整、有效的检修质量监督体系，设备技术档案和台账应根据检修情况进行动态维护。

（2）建立设备消缺管理制度和热力系统无渗漏管理制度，治理漏汽、漏水、漏油、漏风、漏灰等缺陷。定期检查阀门泄漏情况，发现问题做好记录，及时消除。

（3）做好机组保温工作，保持热力设备、管道及阀门的保温效果良好，采用新材料、新工艺，努力降低散热损失。

（4）按照计量管理制度，做好热工测量设备的校验工作，确保测量结果准确。

（5）定期分析评价全厂能耗状况，充分论证影响能耗的设备和系统的改造可行性方案，落实设备的节能技术改造工作。

（6）按 DL/T 1052《电力节能技术监督导则》实施节煤、节电、节油、节水等技术改造。

十、环保监督

（一）设计选型阶段

（1）可行性研究报告中，应对废水、废气、噪声、固体废物、电磁辐射、水土保持、生态修复等的污染防治方案进行审核，应符合国家、地方环境保护排放标准的要求。

（2）新建、扩建、改建项目应进行环境影响评价，预测项目对环境的影响，确定采取有效的达标排放、防治污染措施。建设项目的环境影响评价工作，应由符合要求的单位承担。

（3）环境保护防治方案和防治设施的初步设计应以批准的环境影响报告书和环评批复意见为依据，并进行优化，如有重大变更应进行补充评价。

（4）废水、废气、噪声、固体废物的处理应选用技术先进、可靠且较经济实用的方案，处理过程中如有二次污染产生，应采取相应的治理措施。

（5）应选用高效除尘、脱硫、脱硝设施，使烟尘、烟气黑度、二氧化硫、氮氧化物、汞及其化合物排放浓度符合 GB 13223《火电厂大气污染物排放标准》的要求。当地方有特殊规定时，还应符合地方的有关排放要求。

（6）环境影响评价报告允许设置废水排放口的企业，其废水排放口应安装废水在线监测装置，废水在线监测装置的选用应符合 HJ/T 353《水污染源在线监测系统（COD_{Cr}、NH_3-N 等）安装技术规范》的要求。废水处理后，排放水质应符合 GB 8978 及地方排放要求。

（7）烟气在线监测系统的选用应符合 HJ/T 75《固定污染源烟气（SO_2、NO_x、颗粒物）排放连续监测技术规范》的要求。

（8）燃料、固体废物、脱硫吸收剂的制备和储运系统应有防止二次扬尘污染、防渗漏的措施。贮灰场的设计应符合 DL/T 1281《燃煤电厂固体废物贮存处置场污染控制技术规范》的规定。

（9）采用液氨作为脱硝还原剂时，氨区设施应严格按照 GB 50058《爆炸危险环境电力装置设计规范》的有关规定进行设计。运行过程中产生的危险废物应储存在专用危废贮存库中，贮存库应符合 GB 18597《危险废物贮存污染控制标准》的规定。

（10）贮灰场应符合 DL/T 1281 的规定，储煤场应落实预防扬尘的措施，生物质燃料堆放场应有防渗漏、除异味的措施。

（二）安装调试阶段

（1）应按要求参与完成到货设备的质量验收。由设备制造商提供的设备，应依据设备出厂标准、技术协议和设计要求进行验收。对现场制作的设备设施，如除尘设施、脱硫设施、脱硝设施和废水处理设施等，应符合设计和技术协议书的技术要求。

（2）环境保护设施及在线分析仪表的安装质量应符合相关标准的规定。应按照电力建设施工技术规范中水处理和制（供）氢设备及系统、锅炉机组和火电工程施工质量检验及评定的相关规定，检查除尘、脱硫、脱硝、废水处理、噪声治理和降噪处理，检查烟气在线监测系统和废水在线监测装置的安装调试全过程。

（3）基建锅炉进行化学清洗时，应制定废液处理方案，并经审批后执行。锅炉清洗废液应集中收集处理或依托现有废水处理设施就地处理。外排废水水质应符合 GB 8978 及地方排放标准的要求。

（4）调试结束时，调试技术资料应齐全。调试技术资料应包括调试大纲、调试方案、调试记录、调试报告、调试工作总结、工程系统图纸、设计说明书、设备安装和使用说明书等。

（5）应在规定时间内进行环境保护设施的性能试验，设备性能应符合设计要求。应督促相关单位对未达到设计要求或不符合国家和地方排放标准的设施进行整改。应根据环境影响报告书中提出的排放标准和设计要求，参照 HJ/T 255《建设项目竣工环境保护验收技术规范火力发电厂》的要求完成竣工环保验收。

（三）运行检修阶段

1. 原料的监督

运行阶段环保技术监督应严格按照《燃煤发电机组环保电价及环保设施运行监管办法》（发改价格　第 536 号）和各厂具体规定执行。应对燃料（煤等）的硫分、灰分、挥发分、发热量及燃煤中的重金属含量（汞、铅、砷、镉、铬等）进行监督。应对电厂所用的水、石灰等生产材料中与排放有关的污染因子进行监督。应对脱硫设施的吸收剂、添加剂和脱硝设施的还原剂品质进行监督。

2. 除尘器的监督

除尘器投运率应达到 100%，除尘效率、压力损失、漏风率、出口烟尘浓度应达到设计保证值。电除尘器高压整流设备的运行电压、电流应在正常范围，整流变压器、电抗器温升不允许超过 80℃且无异常声音。灰斗料位计、灰斗加热系统、出灰系统和振打系统运行应正常，当电除尘器高压硅整流设备停运后，阴、阳极振打装置应继续运行 2～3h 后方可停运，振打装置停止运行后，仍应继续排灰，直到灰斗排空方可停运出灰系统。

袋式除尘器应监督压力损失及清灰效果，当烟气温度达到设定的高温或低温值时应发出报警，并立即采取应急措施。锅炉停运后，袋式除尘系统应继续运行 5～10min，进行通风清扫，锅炉短期停运（不超过 4 天）时，除尘器可不清灰，再次启动时可不进行预涂灰。锅炉长期停运时，应对滤袋进行彻底清灰，并清理灰斗的存灰，再次启动时宜进行预涂灰。运行期间，滤袋备件不少于 5%，滤袋寿命期前 6 个月应批量采购滤袋。

除尘系统运行记录保留时间不少于 1 年。新投产机组在投运 6 个月后，应进行除尘器性能验收试验，现役机组在除尘器技术改造或 A 修 1 个月后，应进行除尘器性能验收试验。袋式除尘器检修期间重点监督内容包括滤袋和袋笼、清灰系统、电磁脉冲阀、灰斗卸灰及输灰系统、烟道预喷涂装置、喷雾降温系统和压缩空气系统。

电除尘器检修期间重点监督内容包括阳极板、阴极线、绝缘瓷件等内部设备的积灰、定位及损坏情况，阳极振打系统及传动设备，阴极悬挂装置、大小框架及传动装置，电加热或蒸汽加热系统，灰斗卸灰及输灰系统，高压硅整流变压器、高（低）压套管、绝缘轴电缆头，湿式电除尘器。

3. 脱硫系统监督

运行期脱硫装置的技术监督包括自脱硫装置竣工验收合格后到运行检修阶段的设备、原材料、污染物排放及综合利用等的监督。采用石灰石－石膏法延期脱硫工艺的脱硫装置应监督石灰石品质、脱硫塔入口烟尘浓度、吸收塔浆液指标、Ca/S、脱硫石膏品质、脱硫废水排水水质等指标。

脱硫系统投运率应达到 100%，烟气系统脱硫效率、出口 SO_2 浓度应达到环保部门要求。湿法脱硫系统应根据机组负荷变化调整增压风机出力，控制脱硫装置入口压力；通过调节吸收塔浆液循环量，从而适应不同含硫量和不同机组负荷工况；根据吸收塔入口烟气流量、SO_2 浓度及石灰石浆液品质和石灰石浆液密度变化，调整石灰石供浆量以控制吸收塔浆液的 pH 值在合理的范围内；通过控制吸收塔石膏浆液排出量来实现吸收塔浆液密度调整，一般吸收塔浆液密度控制在 1080~1130kg/m³ 的范围。

石灰石给料应稳定，石灰石浆液浓度合格。运行中应每批量监督石灰石氧化钙含量、活性、细度等指标满足设计要求。石灰石旋流器入口压力正常，脱硫石膏品质达到设计值，石膏旋流子投入数量及入口压力正常，真空皮带脱水机滤饼厚度符合要求。

海水脱硫系统应监督脱硫后外排海水水质指标，外排海水 pH 值满足设计要求，一般不应小于 6.8，全厂外排废水温升和其他参数符合当地环保要求。采用干法脱硫工艺，脱硫塔出口烟气温度满足后续除尘装置安全稳定运行。

新投产机组在投运 6 个月后，进行脱硫设备性能验收试验；现役机组在脱硫设备技术改造或 A 修 1 个月后，进行脱硫设备性能验收试验。脱硫设备性能验收试验按照 GB/T 21508《燃煤烟气脱硫设备性能测试方法》及 DL/T 1150《火电厂烟气脱硫装置验收技术规范》执行。

4. 脱硝系统监督

脱硝设备投运率应达到 100%，脱硝效率、SO_2/SO_3 转化率、系统压力损失应达到设计保证值，脱硝出口 NO_x 浓度应满足 GB 13223 及地方排放标准的要求。选择性催化还原技术脱硝（SCR）法氨逃逸浓度应小于 2.3mg/m³，选择性非催化还原脱硝（SNCR）法氨逃逸浓度应小于 8mg/m³，同时应不影响后续设备正常稳定运行，并达到环保排放标准要求。SCR 法脱硝用还原剂的储存应符合化学危险品处理规定，进行清洗和再生的催化剂化学活性应达到新催化剂的 80% 以上，对于不能再生或不宜再生的催化剂，应由具有相应资质和能力的单位回收或按照国家、地方相关部门要求处理。

脱硝系统应进行运行优化，内容包括 CEMS 仪表校验、调整喷氨系统喷氨量、监测反应器出口截面的 NO_x 分布均匀性、监测反应器出口截面氨逃逸浓度、液氨蒸发器或尿素热解炉温控参数优化、根据反应器出口 NO_x 排放浓度优化控制策略。

脱硝系统设备质保期通常为 1 年，催化剂质保期通常为 3 年，现役机组脱硝设备在技术改造或 A 修 1 个月后，应参照 DL/T 260《燃煤电厂烟气脱硝装置性能验收试验规范》进行脱硝设备性能试验。脱硝装置宜在投运初期、正式运行阶段和催化剂寿命末期进行三次考核试验。投运初期应测试 SCR 装置的全部保证指标，运行中试验应进行催化剂的性能指标检测，包括外观、几何尺寸、机械强度、活性及催化剂成分等。运行末期性能试验应包括上述两个过程全部内容。

氨系统检修人员应经危险化学品知识培训并考试合格。储氨罐维修人员应具备压力容器操作证书。对氨气制备系统内设备、管道进行检修时应进行气体分析，保证容器内氧含量大于 20% 才能作业。在氨区进行检修与维护时，应使用铜制工具；在氨罐内作业时，应设专人监护，作业人员离开时应将工具带出，不得留在氨罐内。氨罐内照明应使用电压不超过 12V 的低压防爆灯。催化剂要求做到停炉必查，催化剂的检修包括停炉检查、清灰、活性检测、现场性能测试、加装和更换。SCR 反应器内部检修过程中应做好催化剂的防护工作，不造成催化剂单元孔堵塞和破损。

十一、汽轮机监督

（一）设计选型阶段

（1）汽轮机的选型应充分考虑机组调峰和灵活性运行需要。新建机组调峰能力不应低于额定负荷的 35%~40%，各有关辅助设备的选择和系统设计应保证机组的寿命期内均满足相应的要求。新建机组宜选用宽负荷高效汽轮机。

（2）对汽轮机热耗保证工况（THA）、铭牌工况（TRL）、最大连续出力工况（TMCR）、调阀全开工况（VWO）等不同运行工况的容量和性能提出技术监督意见和要求，对旁路系统容量、给水泵拖动方式和容量及给水泵配置、汽轮机排汽冷却方式和凝汽器（空冷和湿冷）、热网等辅助设备和系统的设计选型进行监督，对机组正常运行监视量装置和性能试验测点及节能监督要求的装置设计情况进行监督检查。

（3）汽轮机设备的设计、选型应参照 GB/T 50660、GB/T 5578《固定式发电用汽轮机规范》中的规定执行，汽轮机本体重点关注问题举例如下：

1）高压内缸、喷嘴室及喷嘴、中压内缸、导流环等部件应选用在高温下持久强度较高的材料，符合 DL/T 438《火力发电厂金属技术监督规程》的要求。

2）汽轮机叶片的设计应是先进的、成熟的，并采用新型高效叶片。低压末级及次末级叶片应具有必要的抗水蚀措施，为适应调峰低负荷和抽汽供热运行，可适当提高末级长叶片根部反动度。

3）汽缸上的压力、温度测点应齐全，位置正确，符合运行、维护、集中控制和试验的要求，并具备不揭缸更换的条件。

4）汽轮发电机组轴系应安装两套转速监测装置，并分别装设在不同的转子上。

5）绝对压力大于 0.1MPa 的抽汽管道及汽轮机高压排汽管道上应设有快速关闭的气/液动止回阀，至除氧器的抽汽管道上应配置 2 个串联的止回阀，止回阀气缸应侧装。抽汽供热机组的供热抽汽管道上应设计止回阀及快关阀。止回阀关闭应迅速、严密，联锁动作应可靠，布置应靠近抽汽口。抽汽供热止回阀及快关截止阀应设计三断保护功能（断气、断电、断信号），且功能可靠。

（4）辅机和附属系统。汽轮机组的辅助设备、附属机械、管道及与汽轮机有关的其他工程均应满足国家/行业标准、技术/管理法规和业主的具体要求。主要包括主蒸汽及再热蒸汽系统和旁路系统的设计选型、调节保安系统的设计选型、润滑油系统设计选型、"冷端"系统和辅机冷却系统的设计选型、凝汽器及辅助设施的设计选型、回热系统及疏放水系统的设计选型等。

（5）当采用新工艺、新方法、新技术或对原有设计做重要改动时，应根据工程具体条件通过论证比较后决定。

（二）安装调试阶段

（1）发电企业在基建安装阶段应设置汽轮机专业技术监督专责人，在汽轮机安装阶段从技术管理和技术实施两个方面进行监督；对承担安装工程单位的资质进行监督审查；对施工组织进行监督审查；安装技术监督包括汽轮机本体、调节保安及油系统、发电机本体部分、旋转设备、其他设备及系统。

重点对汽轮机本体和调节保安等系统设备安装过程进行监督，汽轮机设备及系统安装应执行 GB/T 50108《地下工程防水技术规范》、DL/T 5190.3《电力建设施工技术规范 第 3 部分：汽轮发电机组》、DL/T 5190.5《电力建设施工技术规范 第 5 部分：管道及系统》《防止电力生产事故的二十五项重点要求》（国能安全〔2014〕161 号）；施工质量检验及评定执行 GB/T 50208《地下防水工程质量验收规范》、DL/T 5210.3《电力建设施工质量验收规程 第 3 部分：汽轮发电机组》《火力发电工程质量监督检查大纲》（国能安全〔2014〕45 号），按照质量检验大纲要求完成汽轮机扣缸前监督检查，确保汽轮机主辅设备安装质量和投产后性能达标。

（2）调试过程主要监督内容包括单体调试监督、分系统调试监督、整套启动监督、调试验收及达标投产验收监督。各阶段应严格按照标准规定，结合设备制造厂说明书、有关技术协议和合同，对单体调试、分部调试、整套启动调试过程中调试措施、技术指标、主要质量控制点、重要记录、调试报告进行监督，监督调试中的异常处理、记录文件是否写入原始记录及调试报告，确保试验项目不漏项、试验方法无错误、技术指标达到标准。调试过程主要试验项目包括主汽门、调速汽门关闭时间测试，危急保安器（若有）注油试验，汽轮机超速试验，真空系统严密性试验，快速甩负荷试验，汽门严密性试验，润滑油低油压联锁试验等。性能验收试验主要包括汽轮机额定出力试验、汽轮机最大出力试验、汽轮机热耗试验、汽轮发电机组轴系振动试验、噪声测试等。

（3）投产性能验收应重点关注汽轮机组的性能试验是否符合相关标准、合同规定等。核查汽轮发电机组工程质量、调整试验、性能试验和主要技术指标所涉技术内容的真实性和正确性。性能验收试验应由业主组织，由有资质的第三方单位负责，试验人员具有相应的资质证，设备制造厂、电厂、设计、安装等单位配合。

（三）生产运行阶段

（1）每年应对汽轮机运行规程、系统图、汽轮机专业反事故措施进行一次复查、修订，并书面通知有关人员。不需要修订的，也应出具经复查人和批准人签名"可以继续执行"的书面文件。

（2）应按照设备定期试验和切换制度开展运行中的设备定期试验和轮换。应特别重视涉及机组安全的重要设备的定期试验和切换操作工作，合理安排定期试验和切换操作时间，做好组织、监护和事故预想，重要试验和切换操作应由专人负责。

（3）检修机组启动前或机组停运15天以上，应对汽轮机主保护和其他重要热工保护装置进行静态模拟试验，检查跳闸逻辑、报警及保护定值。热工保护联锁试验中，尽量采用物理方法进行实际传动，如条件不具备，可在现场信号源处模拟试验，禁止在控制柜内通过开路或短路输入端子的方法进行试验。

（4）按DL/T 571的规定进行新抗燃油的验收及运行油的监督、维护，颗粒度、酸值、水分等主要运行指标应在标准范围内。

（5）机组在启停和运行过程中，交、直流润滑油泵联锁开关应处于投入状态。在任何情况下，联锁应均能使油泵启动，不应有任何的延时和油泵自身的保护。润滑油低油压联锁应按有关规定，整定油泵动作值，设置方便操作和读取试验数据的试验装置。

（6）依据GB/T 6075.2《机械振动在非旋转部件上测量评价机器的振动》、GB/T 11348.2《机械振动 在旋转轴上测量评价机器的振动》、制造厂技术文件、汽轮机运行规程进行汽轮机和旋转辅机的振动监督。机组正常启动、运行中应定期测试轴系振动，建立振动技术档案。已有振动监测保护装置的机组，振动超限跳机保护应投入运行。机组正常运行瓦振、轴振应在有关标准的范围内，并监视振动变化趋势。

（7）应建立、维护并及时更新机组运行技术资料档案，包括机组启停记录和分析、运行日志、交接班记录、运行月度分析、经济性分析和节能对标报告等。停机后定时记录汽缸金属温度、大轴弯曲、盘车电流、汽缸膨胀、胀差等重要参数，直到机组下次热态启动或汽缸金属温度低于150℃为止。

（8）应建立、维护并及时更新转子技术档案。包括制造商提供的转子原始缺陷和材料特性等转子原始资料；转子安装原始弯曲的最大晃动值（双振幅），最大弯曲点的轴向位置及在圆周方向的位置；大轴弯曲表测点安装位置的转子原始晃动值（双振幅），最高点在圆周方向的位置；历次转子检修检查资料；机组主要运行数据、运行累计时间、主要运行方式、冷热态启停次数、启停过程中的蒸汽温度、蒸汽压力和负荷曲线、超温超压运行累计时间、主要事故情况及原因和处理。

（9）对给水泵、循环水泵和凝结水泵等主要辅机设备定期进行状态监测和分析，建立设备台账和技术档案。按 GB/T 14541 定期评价润滑油/调速用油，采取有效维护制度及措施，做好油质监督维护工作。

（四）检修改造阶段

（1）检修技术监督主要是对汽轮机经济性和安全性有重要影响的关键环节和部位的检修进行监督，包括开工前监督，对检修施工组织的监督，设备解体过程监督，设备检查、修理和回装监督，检修过程记录监督，叶片技术监督，大型铸件检修技术监督，油系统检修监督，主要辅机与压力容器（除氧器、加热器）检修监督，检修质量控制与监督，设备缺陷的处理与监督，技术改造项目技术监督。检修后应开展验收，经试运行后对检修进行评价和总结，完善检修设备技术台账。

（2）根据设备厂家资料，结合国家/行业标准、技术管理规程，制定符合质量体系要求的检修工艺规程卡/作业指导书/技术文件包。

（3）具备测量条件的 A 级检修机组，对汽轮机（包括驱动给水泵汽轮机调频叶片）低压末级叶片进行频率测量，自带冠叶片除外。

（4）机组 A 级检修后，对主汽门、调节汽门（包括高压缸排汽/回热/至除氧器/抽汽/供热抽汽止回门）的关闭时间、特性进行测试，满足 DL/T 1055 的要求。

（5）A 级检修停机及检修后启动过程中，应对汽轮机组本体进行振动状态监测和分析。

（6）汽轮机及热网设备停（备）用防锈蚀监督应按 DL/T 956 配合化学技术监督专业进行，长期停机备用机组的设备要按运行机组的标准进行技术监督管理。

十二、水轮机监督

（一）设计选型阶段

（1）水轮机的选型应根据运行水头范围及运行特点，在制造商所提供的方案中，从运行稳定性和可靠性、能量指标、经济指标、设计制造经验等方面，进行综合技术经济比较后选定；比转速和转轮直径等参数的选择应合理，并避免与引水系统产生水力共振。空蚀或磨蚀损坏保证、稳定运行范围、压力脉动值、效率和运行可靠性以及寿命应符合要求。

（2）调节保证及调节系统选型应采用计算机仿真系统进行计算，优先采用导叶关闭规律和调节系统参数。设计时，应重点关注辅机和辅助设备的布置、水轮机的容量和台数选择是否合理，水力监测系统等自动化元件是否满足要求等。

（二）安装调试阶段

（1）监造验收分为模型验收试验和设备设计制造质量验收两个部分。模型试验应书面评估可能影响稳定性的水力现象。质量监造和验收应对主要部件原材料的产地、化学成分、强度、无损监测结果以及主要部件的尺寸、线型、加工精度、表面粗糙度等进行重点关注。

（2）安装阶段，应重点关注的监督内容包括：

1）设备到货及开箱验收；

2）埋设部件（尾水管、蜗壳、座环、贯流式水轮机管型座和通流盖板等）在电站的拼装、焊接、无损检测、组装。

3）转桨式（含贯流式）水轮机转轮体装配、耐压及动作试验，导水机构预装和正式安装，水轮机主轴安装和主轴连接螺栓长度检查，主轴水平和垂直偏差调整。

4）转动部分安装就位，水轮机各部件的安装中心和高程，水导轴承轴瓦研刮、安装、轴承冷油器耐压及油箱渗漏试验。

5）主轴密封组装；检修密封围带渗漏试验、充气、排气和保压试验；冲击式水轮机喷嘴，接力器严密性耐压试验、安装；水轮机调速器和油压装置安装。

（3）调试阶段应重点关注的监督内容包括：

1）关注油压装置充油和调整过程，关注调速器静态调整试验。

2）导水叶开度与接力器行程关系；桨叶和导叶协调关系；导水叶立面和端面间隙以及接力器压紧行程的调整，导水叶的漏水量等。

3）进水阀门无水调整操作试验，转轮止漏环间隙、水导轴承总间隙和瓦间隙的调整，真空破坏阀和补气阀渗漏试验，主轴密封间隙调整。

4）自动化元件、过速继电器、轴承油位、油温报警信号、主轴密封供水压力和流量调整，保护动作整定。启动性能试验和空蚀考核等应符合要求。

（三）运行检修阶段

（1）定期分析机组导轴承处的摆度及发电机机架水平和垂直振动、顶盖水平和垂直振动、尾水锥管水平和垂直振动以及灯泡体的振动，判断机组的安全性。

（2）通过蜗壳水压，顶盖水压，转轮进、出口水压，尾水管水压等脉动值分析水轮机稳定情况；定期测量发电机的功率，电站上、下游水位和相应的导叶开度，分析水轮机稳定运行情况。

（3）定期分析各轴承瓦温和油温变化趋势，判断机组是否正常运行；统计分析自动化控制系统和元件的可靠性，定期校验在线监测装置；检修期间重点关注转轮及流道的空蚀损坏情况，对比检修前后机组轴线和轴瓦间隙，及时处理重大缺陷并对检修效果进行评价。

十三、锅炉监督

（一）设计选型阶段

（1）锅炉的设计选型应执行 DL 5000、DL/T 831《大容量煤粉燃烧锅炉炉膛选型导则》、DL/T 5240《火力发电厂燃烧系统设计计算技术规程》《防止电力生产事故的二十五项重点要求》（国能安全〔2014〕161 号）等规定，确定合理的锅炉设计指标，选用高效设备，落实防止锅炉各类事故的设计要求。

（2）技术监督人员应重点参与以下环节的审查，提出锅炉监督的相关要求：

1）参加锅炉设计审查。根据工程的规划情况及特点，重点审查锅炉设计及校核煤种、炉膛选型、环保排放指标、测量装置、性能试验测点位置及数量等内容。

2）参加设备采购合同审查和设备技术协议签订。对设备的技术参数、性能等提出锅炉监督的意见，并明确对性能保证的考核、监造方式和项目、技术资料、技术培训的要求。

3）审核磨煤机、风机等锅炉重要辅机的配置和选型方案，提出锅炉监督的具体要求。

4）参加设计联络会。对设计中的技术问题，招标方与投标方以及各投标方之间的接口问题提出锅炉监督的意见和要求，将设计联络结果形成文件归档，并监督设计联络结果的执行。

（二）安装调试阶段

（1）锅炉安装阶段依据 DL 5190.2《电力建设施工技术规范　第 2 部分：锅炉机组》、DL 5190.5《电力建设施工技术规范　第 5 部分：管道及系统》、DL 5190.7、DL/T 438、DL/T 869《火力发电厂焊接技术规程》、DL/T 5210.2《电力建设施工质量验收规程　第 2 部分：锅炉机组》等标准，制造厂提供的锅炉安装指导书、图纸、设备及系统的设计修改签证等文件，对锅炉本体及辅机、输煤系统安装实施监督。

（2）锅炉安装工程施工单位应具备相应的施工资质，特种作业人员应持证上岗。施工现场应有经审批的施工组织设计、施工方案等文件。

（3）锅炉启动、调试监督执行 DL/T 340《循环流化床锅炉启动调试导则》、DL/T 852《锅炉启动调试导则》、DL/T 1269《火力发电建设工程机组蒸汽吹管导则》、DL/T 5294、DL/T 5295、DL/T 5437 等标准要求，结合设备制造厂说明书、技术协议和合同要求，对分部调试、整套启动调试过程中调试措施、技术指标、主要质量控制点、重要记录、调试报告等进行监督。

（4）锅炉调试应按工程《调试大纲》中规定编写锅炉部分的调试措施（方案），明确锅炉调试项目、调试步骤、试验的方案及工作职责，并制定相应的调试工作计划与质量、职业健康安全和环境管理措施。调试项目应完整，不缺项。

（5）应编制空气压缩机及其系统、启动锅炉、空气预热器及其系统、引风机及其系统、送风机及其系统、一次风机及其系统、炉水循环泵及其系统（锅炉启动系统）、锅炉冷态通风试验、锅炉燃油系统、等离子点火系统（少油点火系统）、暖风器及其系统、吹灰器及其系统、冷态空气动力场、锅炉蒸汽吹管、锅炉蒸汽严密性试验及安全阀整定、制粉系统、除渣系统、输煤系统、锅炉燃烧初调整、锅炉整套启动等调试措施，并准备调试检查、记录和验收表格。

（三）生产运行阶段

（1）锅炉运行监督执行国家能源局《防止电力生产事故的二十五项重点要求》（国能安全〔2014〕161 号）、DL/T 332《塔式炉超临界机组运行导则》、DL/T 435《电站锅炉炉膛防爆规程》、DL/T 610《200MW 级锅炉运行导则》、DL/T 611《300MW～600M 级机组煤粉锅炉运行导则》、DL/T 1034《135MW 级循环流化床锅炉运行导则》、DL/T 1326《300MW 循环流化床锅炉运行导则》、制造厂技术文件等要求，并编制锅炉运行规程、反事故措施，绘制系统图。

（2）对锅炉主要运行参数进行监督、检查、分析、调整和考核，定期优化机组的运行方式，提高机组运行可靠性。重点做好防止锅炉"四管"泄漏的监督工作。

（3）对锅炉运行的各种参数异常或潜在故障隐患进行分析、评估，提出整改、告警处理意见，提高机组运行水平。对重大设备故障开展事故调查和原因分析，提出处理意见和反事故措施。

（4）加强燃煤和配煤管理。煤质出现严重偏离时应及时向运行人员反馈。运行人员须掌握当班配煤加仓的具体情况，做好调整燃烧的应变措施。当机组负荷变动或燃用煤质变化时，开展配煤掺烧专项试验，确定不同煤质掺烧比例，及时对锅炉运行的相关参数进行调整，确保机组安全运行。

（5）锅炉运行中，按要求对设备进行巡回检查，确保锅炉安全运行。当发现异常时，应查明原因及时处理，并做好记录。

（6）锅炉启动应根据制造厂提供的启动曲线严格控制升温、升压速率，并监视热膨胀情况，发现膨胀异常，应立即停止升温升压，并采取相应措施。特别在机组深度调峰运行方式下，重点控制受热面壁温和工质温度的变化速率，防止受热面局部超温和氧化皮脱落。原则上不允许锅炉进行强制冷却。

（7）运行中应严格监控各级受热面出口蒸汽温度热偏差和各段管壁温度，进行必要的运行调整，避免热偏差和壁温超限。

（8）磨煤机启停过程中应严格控制磨煤机出口温度、风量，并确保制粉系统内部吹扫完全，防止出现局部积煤和高挥发分煤爆燃。磨煤机运行中磨煤机出口温度应符合运行规程等相关规定。

（9）运行中应按照规程要求定期进行吹灰。吹灰器投运及退出应进行现场确认，防止吹灰器未完全退出而引起受热面吹损。

（10）回转式空气预热器的运行应执行 DL/T 750《回转式空气预热器运行维护规程》和企业运行规程等规定。在锅炉带负荷期间，如果发现空气预热器冷端综合温度低于推荐值，应投入暖风器或开启热风再循环等。

（11）应按照要求进行锅炉设备定期切换、定期检查和试验（包括 RB 试验）。

（四）技改检修阶段

（1）锅炉检修监督应依据 DL/T 438、DL/T 748《火力发电厂锅炉机组检修导则》、DL/T 838、企业检修管理办法、检修规程等标准规程进行。

（2）制定全面的防止锅炉"四管"泄漏检修项目，采取防范措施，有效解决高温腐蚀以及氧化皮脱落爆管等问题。

（3）设备检修前、后应进行性能试验，以评估检修效果。

（4）改造前应进行技术调研和可行性研究，从技术和经济角度优选改造方案。

（5）改造项目中前期可研、合同协议签订、工程实施及项目验收等环节应进行闭环管理，同时做好所有资料的移交及归档工作。

十四、燃气轮机监督

（一）设计选型阶段

（1）燃气轮机电厂的燃气轮机发电机组的循环方式有简单循环和燃气–蒸汽联合循环两种，可根据负荷性质和经技术经济比较后确定。单机容量较小（大多 100 MW 级以下）、年利用小时低的燃气轮机，可以采用简单循环。是否预留加装余热锅炉和汽轮机场地，可根据负荷发展预测或规划，并经技术经济比较后确定。采用大容量（燃气轮机200MW 级及以上）联合循环机组，且燃气轮机与汽轮机同期建设时，宜优先采用同轴（即单轴）配置方式。燃气轮机电厂宜选用重型燃气轮机，对燃料的适应性强，排气温度高，排气余热能量可用率大，特别适合联合循环；轻型燃气轮机为航空改装型燃气轮机，燃料为天然气或轻油，设备质量轻、机组启停快，适合简单循环，大多用于调峰或机械驱动。

（2）余热锅炉作为无补燃的余热锅炉，其唯一的热源是燃气轮机排气中的可用能，应根据蒸汽循环的要求和燃气轮机排气特性进行设计，应能适应燃气轮机快速启动的特点。由于燃气轮机启动迅速，不少电网要求联合循环电厂承担调峰负荷，电厂应在较短时间内启动，若余热锅炉不具备快速启动特性，那么联合循环中燃气轮机启动快的性能就受限制。余热锅炉炉型有强制循环（立式）和自然循环（卧式），可根据工程具体情况经比较后确定。

（3）联合循环机组每个单元只设置一台汽轮机，即由一台燃气轮机与一台余热锅炉或多台燃气轮机与多台余热锅炉与一台汽轮机组成一个单元。汽轮机功率为单元内燃气轮机功率的 1/3～1/2。这种配置方式在国外普遍采用。汽轮机的进汽量应与相应的余热锅炉最大蒸发量之和相匹配；蒸汽循环采用单压、双压或三压，无再热或有再热应经技术经济比较确定。因为联合循环燃气轮机电厂中，余热锅炉产生的蒸汽量受控于燃气轮机的排气参数和流量、余热锅炉的排烟温度和节点温差，在燃气轮机机型、余热锅炉出口蒸汽参数与最佳节点温差确定之后，余热锅炉的蒸汽量也就确定了，至于余热锅炉的压力级数和有无再热，除与燃料品种、燃料价格、运行小时数和设备投资费用等有关外，还决定于燃气轮机的排气温度。

（4）当燃用天然气时，气体品质、气源供应充分保证。进厂输气管道宜按电厂规划容量一次建成并装设安全设施，进厂天然气应已经净化处理。天然气系统和调压站（当天然气压力高于燃气轮机要求时为调压，若天然气压力低于燃气轮机要求时需设增压机增压）的布置，应符合工艺流程和工艺设计要求；调压站可露天或半露天布置，调压站管线需分几路和设置旁路；增压机应室内布置，一般不少于 2 台，其中 1 台备用。厂内天然气系统应设置放散管（或塔），其高度需在 40m 以上；并且设置天然气管道停用时采用惰性气体置换系统。

（5）联合循环机组的 DCS 可实现：联合循环机组的监视和控制；在联合循环机组启停和正常运行及异常工况时能对有关参数进行采集、制表、事故追忆与正常工况下的性能计算；根据人工指令进行各种运行方式的切换及按电网对联合循环机组的负荷要求进行功率调整；在辅助车间少数操作人员的配合下，可在集中控制室实现联合循环机组在各种工况下的启停。DCS 的功能覆盖面应达到数据采集（DAS）模拟量控制（MCS）、顺序控制（SCS）、汽轮机电液控制（DEH 与 DCS 有接口）、汽轮机旁路（BPS）、燃气轮机控制（与 DCS 有接口）、烟气旁路（多轴配置有旁路烟囱时）。

（6）燃气轮机发电机组或单轴配置的燃气–蒸汽联合循环发电机组，可以采用大块式钢筋混凝土基座；多轴配置的联合循环机组，汽轮机发电机组基座采用钢筋混凝土框架结构或大块式钢筋混凝土结构。各类机座均应与周围基础分开或采取必要的隔振措施。单轴配置的联合循环机组室内布置时，因厂房跨距较大，适宜采用钢结构型式。

（二）安装调试阶段

（1）燃气轮机设备安装前，基础施工单位应将基础交付安装，同时应提交基础施工技术资料和沉降观测记录，并应在基础上标出标高基础线、纵横中心线、沉降观测点。基础交付安装时，基础混凝土强度应达到设计强度的 70%以上，并在基础养护期满后、本体设备和发电机定子就位前后、燃气轮机和发电机二次灌浆前、整套试运前后进行沉降监督监测。

（2）燃气轮机就位后，应对基础中心线对中和燃气轮机中心高度调整进行过程监督，查阅文献记录，监督相对于死点定位燃气轮机的轴向位置和燃气轮机找平、找正结果。燃气轮机本体找平结果应满足：

1）燃气轮机本体标高应符合设计要求，其允许偏差值宜为 3mm。

2）燃气轮机本体纵中心线与基础纵向中心线应对正，其允许偏差宜为 2mm。

3）燃气轮机压气机横向中心线与基础横向中心线应对正，其允许偏差宜为 2mm。

4）检查确认台板调整位置应均已受力。

（3）燃气管道安装前须用压缩空气进行吹扫，不锈钢管连接法兰的螺栓应按设计图纸要求拧紧，并采取防松措施；燃料软管应注意外部防护，防止安装过程中的磕碰，同时软管与其他部位的接触区域须用绷带缠绕保护，防止机组运行期间振动带来的磕碰。安装过程中可结合实际情况对本体管道进行内窥镜检查，防止异物堵塞。

（4）油系统严禁使用铸铁阀门，各阀门门芯应与地面水平安装。润滑油系统管路安装完成后，应按照制造厂技术要求进行循环清洗，循环清洗后油质应符合制造厂技术文件的要求。天然气管道在安装前应反复进行分段吹扫，合格后进行强度试验和严密性试验。燃油系统管道的检查和安装应符合 GB 50973《联合循环机组燃气轮机施工及质量验收规范》的要求，燃油管道冲洗时应有防止燃油进入燃气轮机的措施。

（5）燃气轮机运转前，其辅助设备如盘车装置、启动系统、泵、加热器、油滤、冷油器等应经过调试和试验。辅助系统，如润滑油系统、液压油系统、冷却水系统、燃料供应系统、天然气调压系统、水洗系统、二氧化碳灭火系统、进气（排气）及防喘放气系统、壳罩和通风系统、启动系统、注水系统，均应进行设备单体调试和分系统调试，并经过签证验收后方可进入下一步调试工序。

（6）燃气轮机整套启动应具备以下条件：润滑油系统投运且油压、油温正常；各辅助风机启动运行正常；发电机充氢，氢纯度合格，密封油系统运行正常；确认加热通风、密封冷却、灭火保护系统各阀门开关状态正常；天然气调压系统投入运行，压力正常；天然气经过燃料前置模块送到燃气轮机调节阀前。

（7）监督调试过程中记录文件，燃气轮机试运行记录应包括机组试运前系统确认记录；分系统、整套试运签证；分系统、整套质量验收及评价表；冲洗和吹扫合格校验证书；油系统运行记录和油质化验报告；调节保护系统的整定与试验记录；联锁装置的整定与试验记录；整套启、停运行记录；燃气轮机惰走曲线；燃料分析报告、注水系统水取样化验报告、水清洗系统水取样化验报告；调试报告，试运中的异常情况及处理经过和结果。

（三）生产运行阶段

（1）燃气轮机运行中要认真监视负荷、进气滤网差压、燃烧加速度、排气分散度、轴瓦温度、机组振动等各种控制指标，使其保持在规定范围以内。燃气轮机启动时，监测各轴瓦启动、过临界、带负荷时振动值，各轴瓦温度及回油温度；燃气轮机停机时应监测燃气轮机惰走时间、过临界振动值、各辅机联锁启动情况；根据机组运行中或启停过程中出现的异常现象进行全面分析，列入检修项目之中，对存在的缺陷和设备问题，制定出相应的修理方案。

（2）机组正常运行时每周对振动进行监测，如果振动异常，监测周期应当缩短，大修后启动时进行振动监测；日常监测包括各轴承振动、轴瓦温度、轴承油压和回油温度等参数；机组振动不合格时，应开展专业分析，制定预防对策。

（3）检查叶片表面结垢、冲刷、腐蚀或损伤情况，检查喷嘴节距均匀性及隔板中分面严密性，应对受损叶片做金相分析，必要时进行材料成分分析和机械性能试验。

（4）调节系统大修或改进后必须进行静态特性试验与调整，静止试验主要包括调速器特性和油动机特性试验，空负荷试验主要测量调速器特性、IGV 及燃气控制阀调整范围，带负荷试验为燃气控制阀与负荷关系；根据试验结果确定进口可转导叶系统（IGV）开度、燃气控制阀开度与负荷的关系；开展阀门关闭时间测定。

（5）进厂天然气、燃油应满足燃料供应系统工艺及 GB 17820《天然气》、GB/T 19204《液化天然气的一般特性》、GB/T 29114《燃气轮机液体燃料》、JB/T 5886《燃气轮机气体燃料的使用导则》的要求，处理后的燃料成分、物理特性应满足燃气轮机制造厂的技术要求，并满足当地环保规定。天然气的组分应按规定定期检测，安装在线色谱仪和热值仪的电厂应对其进行定期校验。

（6）燃气轮机油系统安装及检修工艺应严格按照标准执行，油质及检验周期符合化学监督要求；定期检查油质外观、机械杂质或乳化情况；定期对燃气轮机范围内裸露油管道进行检查，按比较测量壁厚。

（7）根据《防止电力生产事故的二十五项重点要求》（国能安全〔2014〕161 号），A修必检必查项目包括防止燃气轮机超速损坏、防止通流部分损坏、防止燃气轮机大轴弯曲、防止轴瓦烧损、防止油系统着火等。

十五、风轮机监督

（一）设计与设备选型阶段

（1）风力发电机组选型应考虑当地风区类型、电网特点、地理环境等因素，经技术、经济性分析确定类型、容量和数量。机位布置宜通过软件进行微观选址。

（2）风力发电机组及其叶片、齿轮箱、发电机和轴承等关键零部件应通过型式认证。叶片、轮毂应具备必要的防沙尘暴、耐盐雾腐蚀的能力以及可靠的防雷措施，处于高雷害等级地区的风力发电机组应有特殊的防雷保护设计。

（3）发电机、塔架、机舱防护等级应能满足防盐雾、防沙尘暴的要求，湿度较大地区控制柜等应设有加热、除湿装置。在寒冷地区，应配置润滑油加热装置。至少应具有两种不同原理的能独立有效制动的制动系统。偏航控制系统应设有自动解缆装置。

（4）就地监控系统应具备耐低温措施，主要保护功能应满足要求；测风装置应具有防冰冻措施。风力发电机组所配备的通信设施应与风电分系统监控系统形成光纤通信环网。容量为 2MW 及以上的风力发电机组应配置振动在线监测系统。

（二）安装调试阶段

（1）风力发电机组监造重点包括塔架、叶片、轮毂、主轴、齿轮箱等关键部件以及发电机、主控柜、变流器柜等。塔架、叶轮、轮毂等大型部件的连接螺栓选型应符合整机设计或载荷计算的要求。对发电机、主控柜、变流柜、齿轮箱等重要部件的出厂试验和风力发电机组全功率试验，至少应进行文件见证，并按一定比例进行抽查现场见证。

（2）对风力发电机组厂内装配进行全程监造管理；厂内装配完成后，应进行出厂检验，至少应进行文件见证，并按一定比例进行抽查现场见证。

（3）风力发电机组的装配、安装和单体调试应执行制造厂要求，重点关注轮毂、主轴、偏航机构、塔架、螺栓等部件的施工安装。具体内容包括基础的材料、施工质量，以及塔架、叶片、轮毂等机械连接螺栓力矩；通信设备和链路元件的施工应采取防水、防冰冻、防鼠害、防重压等措施；风力发电机组螺栓力矩检查、防腐检查、安全保护措施、接地电阻测量、可利用率评定、功率特性、噪声测量、保护传动试验等；风力发电机组就地启/停机试验、就地有功/无功功率设定值控制试验、就地功率因数设定值控制试验、手动/自动偏航控制、手动/自动变桨控制、运行模式与维护模式切换、就地与远程控制模式切换等控制传动试验等。

（三）运行维护阶段

（1）巡检中应注意叶片积污、表面腐蚀、覆冰等情况，雷雨天气后，应特别注意叶片是否有雷击、灼烧痕迹；巡检中检查风机齿轮箱油、液压油位应在正常范围内；风机塔架、叶片、轮毂等紧固螺栓不应出现松动，日常巡检中应特别注意螺栓、螺母位置标识线是否一致；巡检中应特别注意变流器水冷管接口处是否出现潮湿、水渍等现象；巡检中应特别注意风力发电机组并网断路器的动作次数是否超出限值，对于动作次数明显高于同批次其他机组的，应加强巡检力度；运行中应注意风机噪声的变化，必要时进行噪声测试；应定期检查风电分系统监控系统的遥测、遥信信息，与设备实际运行参数、状态相对应，宜结合例行维护每年一次；运行中应横向比较相邻风机的风速、功率等参数，相同风速情况下风机输出功率不应有明显差异。

（2）应定期进行电网失电后风机自动顺桨功能测试，偏航、变桨系统的自动传动试验、安全链保护传动试验，宜结合例行维护每年一次；按要求测试评估风力发电机组的功率特性曲线；对风速仪、风向标等传感器进行校验或标定；应定期进行风力发电机组接地电阻测试、叶片接闪器和接地引下线检查；应定期进行塔架垂直度和基础沉降观测，宜结合例行维护至少每年一次；风力发电机组进行大型部件更换或解体性检修后，应进行重要部件的验收试验和整机试运行。

十六、建（构）筑物监督

（一）设计选型阶段

新建火力发电工程设计阶段，由火力发电企业负责主持监测点设计审查，形成审查记录，通过技术监督报表上报上级单位。应重点关注监测点设计的审查、重点审查结构安全监测项目及监测系统布置的合理性、结构安全监测设施的可靠性和合理性。

（二）安装调试阶段

（1）应重点关注监测点的设置与安装和基础施工阶段的监测。要求项目施工单位设专职人员，完成监测点的设置与安装。发电企业派专职人员参加监测点设置与安装的检查工作。严格按照设计要求进行全面检查，并将施工检查情况存档备份。

（2）发电企业组织设计、施工、监理等单位按有关规范制定建（构）筑物沉降监测工作内容和主要的安全监控指标。负责督促施工单位在基础施工阶段完成各项监测设施，确保建（构）筑物在基础工程隐蔽前取得各个监测项目的监测资料和基准值，并及时整理、分析、存档。

（三）生产运行阶段

（1）在运行阶段，主要关注构筑物结构安全检查。发电企业生产管理部门须建立建（构）筑物台账。发电企业应根据建（构）筑物的工程级别、类别和实际情况，按规范的要求制定检查的项目和检查的程序，定期巡视检查建（构）筑物。

（2）火力发电厂建（构）筑物检查分为日常巡查、定期检查、应急检查和专业检查。其中日常巡查，以该建（构）筑物内的工作生产人员为主，在工作过程中多留意，发现异常及时报告，做到安全生产、人人有责；定期检查与应急检查由建（构）筑物使用或管理单位组织进行实施；专业检查由使用或管理单位委托具有相关资质的专业检测鉴定机构实施。

1）日常巡查：主要指建（构）筑物的使用者或管理者在使用过程中对建（构）筑物及其附属设施进行的目测检查。

2）定期检查：为评定建（构）筑物的总体状况、制定维护计划提供基础数据，对建（构）筑物主体结构、附属结构及地基基础的技术状况进行的全面检查。

3）应急检查：遇极端天气、爆炸、火灾及其他自然灾害之后建（构）筑物受到灾害性损伤后，为了查明破损状况，采取应急措施，组织恢复其使用功能，对建（构）筑物进行的有针对性的检查。

4）专业检查：根据定期或应急检查的结果，对需要进一步判明损坏原因、破损程度和使用能力的建（构）筑物，针对破损进行专门的现场试验检测、验算与分析等鉴定工作；或根据建（构）筑物的使用年限对其整体安全性进行的定期检测鉴定工作。

十七、光伏组件和逆变器监督

（一）设计与设备选型阶段

（1）光伏电站设计及设备选型应考虑站址地区的太阳能资源、地理特征和环境条件等因素，经技术、经济性分析确定光伏发电设备的类型和数量。

（2）光伏方阵的布置宜通过模拟软件进行阴影分析。气象监测站的测量要素应包括总辐照度（水平及倾角）、日照时间、平均风速、平均风向、环境温度、相对湿度，测量数据要求应满足要求。

（3）光伏单元应具备直流接地、过/欠压等保护配置，保护功能满足要求。

（4）光伏组件应具备必要的防冰雹、耐湿冷和防腐蚀能力，盐碱地区的光伏组件应配备抗电势诱导衰减（PID）的功能。

（5）光伏支架应考虑在使用过程中满足强度、稳定性和刚度要求，并符合抗震、抗风、防沙尘和防盐雾腐蚀等要求。在多雪、寒冷地区，跟踪系统应具备自动避雪功能，且载荷设计满足要求。

（6）逆变器及汇流箱方面，采用集中式逆变器的光伏单元汇流箱的输入回路应具有防逆流及过电流保护功能，输出回路应具有隔离保护措施，并宜设置监测装置。丘陵和山地地区宜选用组串式的光伏逆变器，且组串式逆变器的直流侧应配置过流熔断保护装置。海拔在 2000m 及以上高原地区使用的逆变器，应选用高原型（G）产品或采取降容使用措施。

（7）就地监控系统应能监测光伏单元的主要运行信息。光伏单元应配备的通信设施，满足与光伏分系统监控系统的通信要求。

（二）安装调试阶段

（1）应对光伏组件进行全过程监造管理，包括原材料、金属部件、聚合物材料、封装材料、内部导线和载流部件的外观、尺寸、热性能和化学成分的监督。应对重要的制造过程进行见证，包括文件见证或现场见证，必要时进行光伏组件质量抽查，检测项目包括湿－热试验、绝缘试验、热循环试验、机械载荷试验等。组件到达现场后应依照国家、行业及集团公司标准，委托有资质的第三方检测机构，开展组件到货检验工作。

（2）支架和汇流箱的出厂试验和型式试验，应进行文件见证或现场见证，必要时进行质量抽检。支架检测项目包括外观检查、防腐检测、材质检查、硬度检查等；汇流箱检测项目包括电气间隙和爬电距离、接地连续性、绝缘电阻等。

（3）对光伏逆变器的出厂试验和型式试验，至少应进行文件见证，并按一定比例进行抽查和现场见证。

（4）光伏单元的装配、安装和单体调试应执行制造厂要求，重点关注内容包括光伏组件的倾斜角偏差、边缘高差、串并联方式、固定螺栓力矩值；汇流箱应可靠接地；汇流箱内光伏组件串极性测试、电流测试、电缆温度检查等。

（5）安装接线完毕应进行电缆、断路器、接地装置等一次设备的交接试验和保护传动试验；应进行光伏单元逆变器自动开/关机、MPPT 功能、就地启/停机试验、就地有功功率设定值控制试验、就地无功功率和/或功率因数设定值控制试验、运行模式与维护模式切换、就地与远程控制模式切换等控制传动试验等。

（三）生产运行阶段

（1）运行监督。

1）光伏组件及逆变器的运行、巡视检查与日常维护应符合 GB/T 38335 的要求。光伏发电站应根据运行环境、光伏组件及逆变器状态和组织机构编制光伏组件现场运行规程和运行管理制度。

2）雷暴、台风、大雪、冰雹、高温等恶劣气象条件频发季节前，应开展光伏组件及逆变器的预防性检查。对存在异常的光伏组件及逆变器应及时处理。恶劣天气过后，应开展光伏组件及逆变器的外观抽样检查、光伏组件电致发光抽样检测和红外热成像抽样检测，存在异常时应及时反馈并提出处理措施。

3）应对光伏组件串工作电流实时进行监视，并对组件状态进行分析，存在异常时应及时反馈并提出处理措施。

4）光伏组件存在出力偏低、异物或阴影遮挡、表面变色、与支架连接松动、边框变形或损坏、接线盒损坏、引出线未放在导线槽内或绝缘破损、背板破损、老化等异常情况时，应及时分析原因并提出处理措施。

5）光伏组件清洗应结合电站运行的实际情况适时开展。排除限电影响，当相同或相近辐照度、环境温度下，光伏方阵输出功率低于初始状态（上一次清洗结束时）输出的85%时，宜对光伏组件进行清洗；光伏组件的清洗工作应规划清洗周期并根据电站的具体情况划分区域进行，在考虑发电量的前提下，合理选择清洗时段。

6）应每月统计逆变器故障率，对故障率高的设备应及时分析原因并提出处理措施。

7）应定期对逆变器基础进行检查，对出现破损等情况的基础应及时处理。

8）应定期监视逆变器的发电量并进行对标分析，逆变器发电量存在异常时应及时反馈并提出处理措施。

9）应定期监视逆变器转换效率和电能质量，当转换效率偏低、电能质量超出标准允许值时，应及时分析原因并提出处理措施。

（2）检修监督。

1）光伏发电站应根据运行环境和光伏组件及逆变器状态编制光伏组件及逆变器现场检修规程和检修管理制度。

2）光伏组件的检修项目、方法和周期应符合 GB/T 36567 的要求，检修工作涉及的现场检测应符合 NB/T 32034 的要求。

3）光伏组件的故障处理、更换、修复和回收应符合 GB/T 36567 和 GB/T 38335 的要求。

4）光伏组件运行满一年后应开展光伏组件标准测试条件下的性能抽样检测，其后宜每 2 年开展一次光伏组件标准测试条件下的性能抽样检测。检测过程应符合 GB/T 9535 和 GB/T 18911 的要求，使用的太阳模拟器应符合 GB/T 6495.9 的要求。

5）光伏组件的外观检查宜结合光伏组件状态每年开展一次，存在异常时应进行原因分析并及时修复或更换。

6）光伏组件电致发光抽样检测宜结合光伏组件状态每年开展一次，检测的过程及判定条件应符合 GB/T 36567 的要求，存在异常时应进行原因分析并及时处理。

7）光伏组件红外热成像抽样检测宜结合光伏组件状态每年开展一次，检测的过程及判定条件应符合 GB/T 36567 的要求。光伏组件的红外检测宜在太阳辐照度为 $700W/m^2$ 以上，风速不大于 2m/s 的条件下进行，同一光伏组件外表面（电池正上方区域）在温度稳定后，温度差异应小于 20℃。对于脏污和植被遮挡造成的热斑，应立即处理；对于其他原因造成的热斑，应根据热斑的大小和温差情况，适时对组件进行更换。有条件场站可采用无人机进行全站热斑效应检测。

8）光伏组件绝缘电阻与接地电阻抽样检测宜结合光伏组件状态每年开展一次，存在异常时应进行原因分析并及时处理。

9）光伏组件 $I-V$ 特性抽样检测及光伏组件串电流、电压一致性抽样检测宜结合光伏组件状态每年开展一次，检测方法应符合 GB/T 6495.1 和 NB/T 32034 的要求，测试应在太阳总辐照度大于 700W/m² 下进行，日照强度计应有校准证书。测试前应对仪器参数设置进行检查，如被测组件面积、温度系数、组件连接方式等，确保参数设置正确。存在异常时应进行原因分析并及时处理。

10）更换光伏组件时应记录原组件和更换组件的电性能参数，同一组件串内组件的电性能参数宜一致。

11）光伏组件新投运及大规模更换后、光伏组件经检修改造或长期停用后重新投入系统运行时应提高巡检频次，发现故障或性能异常应及时处理。

12）逆变器检修的内容、方法和技术要求应符合 GB/T 38330 的要求。

13）光伏发电站宜结合逆变器的运行状态，每年开展一次逆变器绝缘电阻和接地电阻抽样检测。光伏电站选取不同厂家和不同型号的逆变器按比例进行检测，组串式逆变器抽检比例不少于 2 台/10MW，集中式逆变器抽检比例不少于 2 台，若抽检不合格，则扩大抽检比例，存在异常应及时反馈并提出处理措施。

14）光伏发电站宜结合逆变器的运行状态，每年开展一次转换效率与电能质量抽样检测。光伏电站选取不同厂家和不同型号的逆变器按比例进行检测，组串式逆变器抽检比例不少于 2 台/10MW，集中式逆变器抽检比例不少于 2 台，若抽检不合格，则扩大抽检比例，存在异常应及时反馈并提出处理措施。

15）逆变器更换时，应检查更换设备的容量、规格、进线数量等参数信息是否与光伏组串技术参数相匹配。

16）逆变器更换后，应对新投入使用的设备开展绝缘电阻和接地电阻测试，测试方法和结果应符合 GB/T 37409 和 GB/T 34933 的要求。

17）逆变器设备更换后，应对新投入使用的设备开展转换效率和电能质量检测，检测方法和结果应符合 GB/T 37409 的要求。

18）光伏组件及逆变器检修后应结合设备运行状态监测数据对检修效果进行评价。

十八、电化学储能电池专业监督

（一）设计与设备选型阶段

（1）储能单元选型应考虑储能运行单元应用场景、运行方式、效率、安全性等因素，通过技术经济性分析，确定种类、功率和容量。

（2）储能电池的循环寿命、充放电性能、荷电保持与容量恢复能力等性能应满足相关标准要求，并具备有资质检测机构提供的安全性检测报告。

（3）电池管理系统应具有自动均衡功能，且均衡能力满足运行要求。至少能监测电池电压，电池组温度，电池组串电压、电流、功率以及绝缘电阻等参数，能计算电池组串荷电状态（SOC）、可用充放电容量、充放电量等参数，并具备有资质检测机构提供的电磁兼容型式试验报告。

（4）就地监控系统应至少配置过/欠压、过流、短路、过温、低温、温差等保护功能，就地监控系统应能监测储能单元的主要运行参数。

（5）储能厂房消防、通风和环境温度调节系统的设计应满足设备安全运行和人员安全要求。储能单元应配备的通信设施满足与储能分系统监控系统通信的要求。

（二）安装与调试阶段

（1）储能单元监造重点包括电池、储能变流器、电池管理系统等。对电芯、电池组按批次抽检，检测项目包括循环试验、容量试验、安全性检测等试验。电池管理系统的出厂试验，至少应进行文件见证，并按一定比例进行抽查现场见证。测试项目可包括电池电压、电池温度、电池组串电压、电池组串电流等参数的测量精度和采样周期试验。对储能变流器的出厂试验和全功率试验，至少应进行文件见证，并按一定比例进行抽查现场见证。

（2）储能单元的安装和调试应执行制造厂要求，重点关注内容包括安装调试过程中电池的存储应在规定的温度范围内；电池安装应防止极性连接错误，电池安装完毕后，应对电池组串电压、电池电压一致性、电池温度一致性进行测量；储能单元接线完毕后，应进行母线、电缆、断路器、变流器、接地装置等一次设备的交接试验，以及保护传动试验；应检查电池管理系统、变流器监控等二次设备的通信、显示是否正常，直流侧绝缘监测是否正常，保护参数是否能进行设定且参数设定正确；应进行储能单元就地启动/停机、就地有功功率设定值控制、就地无功功率/功率因数设定值控制、就地/远程控制模式切换等控制功能试验；应进行储能单元的功率调节能力试验、电能质量测试。

（三）运行及维护阶段

（1）运行维护期间应注意检查电池柜、储能变流器内部集灰的情况，散热风扇运转情况，直流侧绝缘监测情况，消防设备完好情况；对同一储能单元下电池组串的SOC、最高和最低电池电压、最高和最低电池温度进行横向比较，不应有明显差异；对电池组串、储能运行单元的SOC进行巡视，在要求范围之内；定期对电池管理系统、变流器就地监控软件版本和保护定值以及监控系统的遥测、遥信信息进行检查，宜结合例行维护每年一次；应横向比较同一厂家储能单元的充放电量、充放电效率等参数，同一厂家储能单元充放电电量、充放电效率不应有明显差异。

（2）应定期对电池组串、储能单元的容量、SOC进行标定，检查充放电能量、能量效率是否满足要求，宜应每年进行一次；对储能变流器稳压精度、稳流精度、电压纹波、电流纹波进行检测，宜每三年进行一次；应定期进行母线、电缆、储能变流器、断路器、接地装置等一次设备的绝缘试验，宜结合例行维护每年一次；储能单元进行电池组串更换或储能变流器解体性检修后，应参考调试要求进行相关试验。

第五章

电网企业技术监督管理

本章要点

1. 电网企业技术监督全过程管理的要求。
2. 电网企业技术监督综合管理。
3. 电网企业技术监督各专业工作内容。
4. 电网企业技术监督重点关注内容。

第一节　电网企业技术监督全过程管理

电网技术监督工作是指在规划可研、工程设计、设备采购、设备制造、设备验收、设备安装、设备调试、竣工验收、运维检修、退役报废等全过程中，采用有效的检测、试验、抽查和核查资料等手段，监督有关技术标准和预防设备事故措施在各阶段的执行落实情况，分析评价电力设备健康状况、运行风险和安全水平，并反馈到发展、设备、营销、科技、基建、互联网、物资、特高压、水新、调度等部门，以确保电力设备安全可靠经济运行。

电网技术监督工作以提升设备全过程精益化管理水平为中心，在专业技术监督基础上，以设备为对象，依据技术标准和预防事故措施并充分考虑实际情况，采用检测、试验、抽查和核查资料等多种手段，全过程、全方位、全覆盖地开展监督工作。

技术监督工作以技术标准和预防事故措施为依据，根据 DL 755《电力系统安全稳定导则》、GB/T 31464《电网运行准则》、DL/T 1523《同步发电机进相试验导则》、DL/T 5044《电力工程直流电源系统设计技术规程》、DL/T 1392《直流电源系统绝缘监测装置技术条件》、DL/T 5155《22kV～1000kV 变电站站用电设计技术规程》、GB 50233《110kV～750kV

架空输电线路施工及验收规范》、GB 50150《电气装置安装工程电气设备交接试验标准》、GB 50227《并联电容器装置设计规范》、GB/T 1094.6《电力变压器　第6部分：电抗器》、GB 50148《电气装置安装工程电力变压器、油浸电抗器、互感器施工及验收规范》、GB 50217《电力工程电缆设计规范》、DL/T 5221《城市电力电缆线路设计技术规定》、GB 50065《交流电气装置的接地设计规范》、GB/T 50064《交流电气装置的过电压保护和绝缘配合设计规范》、DL/T 475《接地装置特性参数测量导则》、DL/T 596《电力设备预防性试验规程》、DL/T 393《输变电设备状态检修试验规程》、GB/T 14285《继电保护和安全自动装置技术规程》、DL/T 587《继电保护和安全自动装置运行管理规程》、DL/T 995《继电保护和电网安全自动装置检验规程》、Q/GDW 267《继电保护和电网安全自动装置现场工作保安规定》、DL/T 559《220kV～750kV 电网继电保护装置运行整定规程》、DL/T 866《电流互感器和电压互感器选择及计算规程》、DL/T 5003《电力系统调度自动化设计规程》、DL/T 516《电力调度自动化运行管理规程》、DL/T 1709《智能电网调度控制系统技术规范》、DL/T 1403《变电站监控系统技术规范》、DL 5027《电力设备典型消防规程》、GB 50116《火灾自动报警系统设计规范》、GB 50166《火灾自动报警系统施工及验收规范》、GB 50229《火力发电厂与变电站设计防火规范》、GB 50016《建筑设计防火规范》、GB 50140《建筑灭火器配置设计规范》、GB 50444《建筑灭火器配置验收及检查规范》、GB 50872《水电工程设计防火规范》等技术标准和规范，制定《全过程技术监督精益化管理实施细则》。

《全过程技术监督精益化管理实施细则》包括输电防雷接地，线路，接地极，输电杆塔，导、地线，金具，避雷器，接地网，避雷针，电缆，绝缘子，输电外绝缘，变电站、换流站全站外绝缘，变压器，站用变压器，配电变压器，电压互感器，电流互感器，直流电压测量装置，直流电流测量装置，直流电源，换流变压器，干式平波电抗器，油浸式平波电抗器，消弧线圈，干式电抗器，电能质量，组合电器，断路器，隔离开关，高压直流转换开关，直流隔离开关和接地开关，开关柜，配电开关柜，换流阀，换流阀水冷系统，穿墙套管，电容器，静止无功补偿装置（SVC）、静止无功发生器（SVG），串补和可控串补，水轮机，水轮发电机，励磁系统，调整器，进水阀，静态变频启动置（SFC）系统，水电站监控系统，发电机－变压器组保护，大坝（含工程边坡），地下厂房，输水系统，水库库盆，水工金属结构，水情水调，安全监测系统，继电保护，自动化（变电站），电测，环保，信息安全，信息通信，土建，共63项细则。

根据以上细则对当年所有新建（改建、扩建）工程开展全过程技术监督，《全过程技术监督精益化管理实施细则》需定期组织修订并发布。

一、规划可研阶段

规划可研阶段是指工程设计前进行的可研及可研报告审查工作阶段。本阶段技术监督工作由各级发展部门组织技术监督服务单位监督并评价规划可研工作是否满足国家、行业和公司有关可研规划标准、设备选型标准、预防事故措施、差异化设计、环保等要求。各级发展部门应组织各级电力经济技术研究院将规划可研阶段的技术监督工作计划和信息及时录入管理系统。

二、工程设计阶段

工程设计阶段是指工程核准或可研批复后进行工程设计的工作阶段。本阶段技术监督工作由各级基建部门组织技术监督服务单位监督并评价工程设计工作是否满足国家、行业和公司有关工程设计标准、设备选型标准、预防事故措施、差异化设计、环保等要求，对不符合要求的出具技术监督告（预）警单。各级基建部门应组织各级经济技术研究院将工程设计阶段的技术监督工作计划和信息及时录入管理系统。

三、设备采购阶段

设备采购阶段是指根据设备招标合同及技术规范书进行设备采购的工作阶段。本阶段技术监督工作由各级物资部门组织技术监督服务单位监督并评价设备招、评标环节所选设备是否符合安全可靠、技术先进、运行稳定、高性价比的原则，对明令停止供货（或停止使用）、不满足预防事故措施、未经鉴定、未经入网检测或入网检测不合格的产品以技术监督告（预）警单形式提出书面禁用意见。各级物资部门应组织各级电科院［地（市）公司中心（工区）］将设备采购阶段的技术监督工作计划和信息及时录入管理系统。

四、设备制造阶段

设备制造阶段是指在设备完成招标采购后，在相应厂家进行设备制造的工作阶段。本阶段技术监督工作由各级物资部门组织技术监督服务单位监督并评价设备制造过程中订货合同和有关技术标准的执行情况，必要时可派监督人员到制造厂采取过程见证、部件抽测、试验复测等方式开展专项技术监督，对不符合要求的出具技术监督告（预）警单。各级物资部门应组织各级电科院［地（市）公司中心（工区）］将设备制造阶段的技术监督工作计划和信息及时录入管理系统。

五、设备验收阶段

设备验收阶段是指设备在制造厂完成生产后，在现场安装前进行验收的工作阶段，包括出厂验收和现场验收。本阶段技术监督工作由各级物资部门组织技术监督服务单位在出厂验收阶段监督并评价设备制造工艺、装置性能、检测报告等是否满足订货合同、设计图纸、相关标准和招投标文件要求；在现场验收阶段，监督并评价设备供货单与供货合同及实物一致性，对不符合要求的出具技术监督告（预）警单。各级物资部门应组织各级电科院［地（市）公司中心（工区）］将设备验收阶段的技术监督工作计划和信息及时录入管理系统。

六、设备安装阶段

设备安装阶段是指设备在完成验收工作后，在现场进行安装的工作阶段。本阶段技术监督工作由各级基建部门组织技术监督服务单位监督并评价安装单位及人员资质、工艺控制资料、安装过程是否符合相关规定，对重要工艺环节开展安装质量抽检，对不符合要求的出具技术监督告（预）警单。各级基建部门应组织各级电科院［地（市）公司中心（工区）］将设备安装阶段的技术监督工作计划和信息及时录入管理系统。

七、设备调试阶段

设备调试阶段是指设备完成安装后，进行调试的工作阶段。本阶段技术监督工作由各级基建部门组织技术监督实施单位监督并评价调试方案、参数设置、试验成果、重要记录、调试仪器设备、调试人员是否满足相关标准和预防事故措施的要求，对不符合要求的出具技术监督告（预）警单。各级基建部门应组织各级电科院［地（市）公司中心（工区）］将设备调试阶段的技术监督工作计划和信息及时录入管理系统。

八、竣工验收阶段

竣工验收阶段是指输电、变电、配电工程项目竣工后，检验工程项目是否符合规划设计及设备安装质量要求的阶段。本阶段技术监督工作由各级基建部门组织技术监督实施单位对前期各阶段技术监督发现问题的整改落实情况进行监督检查和评价，设备管理部门参与竣工验收阶段中设备交接验收的技术监督工作，对不符合要求的出具技术监督告（预）警单。各级基建部门应组织各级电科院［地（市）公司中心（工区）］将竣工验收阶段的技术监督工作计划和信息及时录入管理系统。

技术监督实施主体单位人员在"全过程技术监督精益管理系统"中录入《工程投产前技术监督报告》，报告给出的意见作为工程投运的先决条件。

九、运维检修阶段

运维检修阶段是指设备运行期间，对设备进行运维检修的工作阶段。本阶段技术监督工作由各级设备管理部门组织技术监督服务单位监督并评价设备状态信息收集、状态评价、检修策略制定、检修计划编制、检修实施和绩效评价等工作中相关技术标准和预防事故措施的执行情况，对不符合要求的出具技术监督告（预）警单。各级设备管理部门应组织各级电科院［地（市）公司中心（工区）］将运维检修阶段的技术监督工作计划和信息及时录入管理系统。

十、退役报废阶段

退役报废阶段是指设备完成使用寿命后，退出运行的工作阶段。本阶段技术监督工作由设备管理部门组织技术监督服务单位监督并评价设备退役报废处理过程中相关技术标准和预防事故措施的执行情况，对不符合要求的出具技术监督告（预）警单。各级设备管理部门应组织各级电科院［地（市）公司中心（工区）］将退役报废阶段的技术监督工作计划和信息及时录入管理系统。

第二节 电网企业技术监督综合管理

电网企业技术监督应坚持"公平、公正、公开、独立"的工作原则，确保技术监督工作客观性、权威性、独立性，按全过程、闭环管理方式开展工作。技术监督工作实行统一制度、统一标准、统一流程、依法监督和分级管理的原则，落实完善组织保障、制度保障、技术保障、信息保障和装备保障机制，全过程、全方位、全覆盖地开展监督工作。

一、组织机构管理

按照技术监督管理规定的要求，成立由电网公司分管领导（或总工程师）任组长的技术监督领导小组，作为公司技术监督工作的领导机构，领导小组下设技术监督办公室（以下简称办公室），设在电网公司设备部，在技术监督领导小组的领导下负责公司技术监督日常管理工作，办公室主任由设备部主要负责人兼任。成立由省公司分管领导（或总工程师）任组长的技术监督领导小组，作为省公司技术监督工作的领导机构。

依据技术监督相关规章制度的要求，电网企业技术监督的内容包括电能质量、电气设备性能、化学、电测、金属、热工、继电保护及安全自动装置、自动化、信息通信、节能、环境保护、水机、水工、土建 14 个专业，各级相关部门负责技术监督归口管理工作，编制归口专业技术监督工作计划，报送技术监督办公室，并落实技术监督领导小组批准下达的监督计划。

公司直属单位和部门技术监督执行单位协助公司技术监督办公室，组织召开年度技术监督工作会议和专项工作会议，开展技术监督工作交流和培训，承担归口技术监督支撑工作。省级及地（市）级直属单位作为技术监督实施主体，编制技术监督年度工作计划，定期向同级技术监督办公室汇报工作开展情况，报送技术监督分析报告和总结。向同级技术监督办公室提交预警单、告警单或家族缺陷认定情况，并跟踪整改落实。

二、管理标准及规章制度

（一）管理标准和依据

根据 DL 755《电力系统安全稳定导则》、GB/T 31464《电网运行准则》等国家标准和行业标准，在落实国家安全生产工作要求，强化电网、设备、人身安全管理，提升电网设备本质安全水平，全面总结分析电网企业长期以来各类事故经验教训基础上，针对影响电网安全生产的重点环节和因素，制定《国家电网十八项电网重大反事故措施》，作为指导当前电网安全生产的纲领性文件，各级单位结合实际认真贯彻执行。

技术监督办公室定期组织修订和发布《全过程技术监督精益化管理实施细则》，技术监督办公室定期组织梳理电网设备标准体系，编制印发电网技术标准执行指导意见，常态化开展标准宣贯培训，结合日常工作对标准执行情况进行督查，及时收集整理标准执行过程中出现的问题。

（二）动态管理制度

技术监督办公室根据科技进步、电网发展以及新技术、新设备应用情况，按年度对技术监督工作的内容、方式、手段进行拓展和完善，提高各专业技术监督工作的水平，做到对各类设备的有效、及时监督。

（三）预警和跟踪制度

技术监督办公室在全过程、全方位开展技术监督工作的基础上，结合对设备的运行指标分析、评估、评价，针对技术监督工作过程中发现的具有趋势性、苗头性、普遍性的问题及时发布技术监督工作预警单，并跟踪整改落实情况。

技术监督工作预警单由各级技术监督执行单位组织专家编制并签字确认，经技术监督办公室审批盖章后，及时向相关单位和部门发布。预警单发布后 10 个工作日内，由主管部门组织相关单位向技术监督办公室提交反馈单。

（四）告警和跟踪制度

技术监督办公室在监督中发现设备存在严重缺陷或隐患、技术标准或反事故措施执行存在重大偏差等严重问题，将对电网安全生产带来较大影响时，应及时发布技术监督工作告警单，并跟踪整改落实情况。

技术监督工作告警单由各级技术监督执行单位组织专家编制并签字确认，经技术监督办公室审批盖章后，及时向相关单位和部门进行发布。告警单发布后 5 个工作日内，由主管部门组织相关单位向技术监督办公室提交反馈单。

（五）报告制度

技术监督工作应执行年报、季报制度。省公司在二、三、四季度首月 20 日前向公司技术监督办公室上报上季度技术监督季度报告，于次年首月 20 日前向公司技术监督办公室上报上年度技术监督年度总结报告。

省公司实行月报制度，地（市）公司在每月 5 日前向省公司技术监督办公室报送上月技术监督月报，县公司、工区（班组）按照上级单位要求提供相关材料。

新建（改建、扩建）工程投产前应形成工程投产前技术监督报告，由工作负责人和执行单位签字盖章，在监督结束后一周内上报技术监督办公室，并将发现的问题录入"全过程技术监督精益管理系统"，报告给出的意见作为工程投运的先决条件。

专项技术监督工作应形成专项技术监督报告，由工作负责人和执行单位签字盖章，在监督结束后一周内上报技术监督办公室。

（六）例会制度

技术监督办公室每季度组织召开由办公室成员参加的季度例会，听取各相关部门工作开展情况汇报，协调解决工作中的具体问题，提出下阶段工作计划。必要时临时召集相关会议。

三、监督工作计划编制与下达

电网公司技术监督办公室结合生产实际和年度重点工作，制定年度工作计划，经公司领导小组审核批准后，在当年12月底前下达各有关单位和部门执行。公司各相关部门应于当年 11 月底前向技术监督办公室提交下年度工作计划，年度计划中要明确工作项目、重点监督内容、实施时间以及费用。

各省公司技术监督办公室应于1月25日之前将本单位年度技术监督工作计划上报公司技术监督办公室备案。

各地（市）公司按照省公司要求将本单位年度技术监督工作计划上报省公司技术监督办公室。

四、保障措施

（一）信息保障

"全过程技术监督精益管理系统"（以下简称"管理系统"）是技术监督工作的管理平台。相关部门和单位应将所负责的阶段和专业的技术监督工作计划和信息及时录入管理系统，各省电科院［地（市）公司中心（工区）］负责对相关单位和部门录入管理系统的数据开展核查，技术监督办公室应定期组织人员对全过程技术监督工作质量进行评价。

（二）装备保障

技术监督执行单位应配置开展技术监督所必需的装备，做好新技术、新设备的宣传与推广工作，不断完善技术监督的方法和手段。

（三）人才保障

技术监督执行单位应制定技术监督人员培训计划，加强专业技能培训与资质认证工作，注重人才选拔激励，打造技术监督人才梯队，建立由现场经验丰富、理论知识扎实、技能水平过硬、工作责任心强的人员组成的技术监督专家库，树立兼具专业性、权威性的技术监督品牌。

（四）经费保障

各单位应根据本单位全过程技术监督和专项技术监督工作计划，落实技术监督所必需的经费，确保经费使用的独立性与自主权，经费应合理、合规使用。

五、特高压技术监督工作管理

针对特高压的极端重要性，应加大技术监督管控力度，突出监督工作重点，加强特高压全过程监督组织领导，健全工作机制，完善制度标准，聚焦特高压关键设备、关键部件和关键环节的质量控制。

（一）特高压技术监督组织机构管理

成立特高压技术监督工作组，由公司助理总师任组长，总部相关部门分阶段负责特高压工程的技术监督工作实施组织、整改意见确定和整改闭环管控，发挥专业归口管理职责，确保技术监督全过程贯通、协同。重大事项提请公司特高压技术监督工作组审议决策。

落实直流及特高压工程负责运维管理属地省公司的设备主人职责，充分依靠属地省电力公司电科院、经研院、检修公司、直流运检中心等单位技术力量，全过程、全方位开展所属工程的技术监督工作。

组建公司特高压技术监督专业团队和专家库。明确各专业技术监督专业团队，支撑特高压相关技术监督工作；成立各专业技术监督专家组，研究特高压技术监督相关专业问题，支撑技术监督工作高质量开展。

（二）特高压技术监督工作机制

（1）特高压技术监督例会制度。定期组织召开公司特高压技术监督专题协调会，由公司助理总师主持，听取技术监督专题工作汇报，协调技术监督重难点问题，督促技术监督意见落实。

（2）技术监督报告和告警单制度。每个直流及特高压工程的技术监督报告内容应包括每个重要阶段、每个关键设备的技术监督意见，对过程中发现的需整改的问题应出具技术监督告警单，对整改落实的检查结果应出具闭环检查确认单。

（3）技术监督闭环整改机制。对技术监督工作中发现的问题，落实责任和措施，及时组织整改；如不完成整改，采取停工整改、整改前不允许带电等措施，确保发现问题闭环治理。

（4）技术监督评价考核机制。将直流及特高压工程技术监督工作纳入对相关技术监督执行和支撑单位企业负责人的业绩考核；对技术监督发现的问题未按要求整改的，直接责任单位（如设备厂家、监造单位、设计单位、施工单位或监理单位等），按不良供应商处置。

（5）技术监督保障机制。国家电网公司发展部、科技部、特高压部等部门（机构）

研究在工程或技术服务中安排技术监督相关费用，保障技术监督工作有效开展。各省公司、各直属科研单位抽调专业技术人员和专业运维人员，建立以工程项目为依托的技术监督团队。

（三）特高压技术监督制度标准

（1）制定特高压技术监督实施细则。及时分析特高压设备安全质量事故原因，系统总结特高压运维经验，结合有关技术标准和反事故措施要求，研究合理提高工程规划设计、系统成套、工程设计标准，提升关键设备电气绝缘、温升发热、机械强度等关键要素安全裕度的建议，针对重点专业、关键设备、多发问题，制定特高压换流变压器、变压器、高压并联电抗器、换流阀、控制保护、组合电器等设备全过程关键点技术监督实施细则。

（2）完善特高压技术标准和反事故措施。为及时将设备运维经验教训反馈至新建直流及特高压工程，应推动技术监督实施细则中的合理化建议尽快进入相关技术标准或形成反事故措施，不断完善特高压交直流技术标准和反事故措施。

（四）特高压技术监督规范化管理

（1）编制技术监督计划。根据特高压工程的年度规划和建设计划，结合设备故障及运维检修等工作情况，编制年度特高压技术监督工作计划，明确责任单位、监督要求和工作计划。

（2）细化技术监督方案。承担技术监督的单位（含支撑单位），依据有关技术标准和反事故措施要求，明确本单位技术监督分管负责人和相关专业及设备的工作负责人，制定相关阶段、主要设备的全过程技术监督实施方案。

第三节　电网企业技术监督各专业工作内容

技术监督在电能质量、电气设备性能、化学、电测、金属、热工、继电保护及安全自动装置、自动化、信息通信、节能、环境保护、水机、水工、土建等各个专业方面，采用有效的检测、试验、抽查和核查资料等手段，监督有关技术标准和预防设备事故措施在各阶段的执行落实情况，对电力设备（电网输电、变电、配电主要一、二次设备，发电设备，自动化、信息通信设备等）的健康水平和安全、质量、经济运行方面的重要参数、性能和指标，以及生产活动过程进行监督、检查、调整及考核评价。

一、电能质量监督

（1）电网频率和电压质量。

电网频率质量包括频率允许偏差、频率合格率。

电压质量包括电压允许偏差、允许波动和闪变、电压暂升和暂降、短时间中断、三相电压允许不平衡度和正弦波形畸变率。

（2）影响电网运行的无功补偿设备的运行、管理。

（3）非线性负荷的入网管理，电能质量在线监测装置的检定、维护，电能质量超标用户的治理方案审核、验收等。

二、电气设备性能监督

电气设备的绝缘强度（包括外绝缘防污闪）、通流能力、过电压保护及接地系统，包括对变压器、电抗器、组合电器、断路器、隔离开关、互感器、避雷器、耦合电容器、电容器、输电线路、电力电缆、接地装置、直流电源系统、发电机、电动机、封闭母线、高压直流输电换流设备、晶闸管、串补装置等电气设备的技术监督。

三、化学监督

水、汽、油、气、燃料品质，生产用各种药品质量，热力设备的腐蚀、结垢、积盐和停、备用设备保护，化学仪器仪表，电气设备的化学腐蚀。

四、电测监督

（1）各类电测量仪表、装置、变换设备及回路计量性能，及其量值传递和溯源。

（2）电能计量装置计量性能。

（3）电测量计量标准。

（4）各类用电信息采集终端。

（5）上述设备电磁兼容性能。

五、金属监督

（1）电气设备的金属线材、金属部件、电瓷部件、压力容器和承压管道及部件、蒸汽管道、高速转动部件的材质、组织和性能变化分析、安全和寿命评估。

（2）焊接材料、胶接材料、焊缝、胶接面的质量，部件、焊缝、胶接面和材料的无损检验。

六、热工监督

（1）各类温度、压力、液位、流量测量仪表、装置、变换设备及回路计量性能，及其量值传递和溯源。

（2）热工计量标准。

七、节能监督

输电线路及变电设备电能损耗。

八、环境保护监督

输变电系统噪声、工频电场、工频磁场、合成电场、六氟化硫气体、废水、废油、固体废弃物和环境保护设施。

九、保护与控制监督

（1）电力系统继电保护和安全自动装置及其投入率、动作正确率。

（2）高压直流输电系统、串联补偿装置、静止无功补偿装置等各类电力电子设备控制系统。

（3）发电机组励磁系统、辅助控制系统、调速系统的控制范围、特性、功能。

十、自动化监督

（1）自动化系统的性能、运行指标等，包括电力调度自动化系统、水调自动化系统、电能量计费系统、配电管理系统。

（2）厂、站综合自动化系统等。

十一、信息监督

信息系统在架构、标准、功能、性能、安全、运行、应用等方面的指标和要求，具体包括信息机房和基础设施、网络设备、主机设备、数据库、中间件、安全设备、存储设备、基础平台、业务应用、灾备系统等设备、设施和系统。

十二、通信监督

通信设备在设计、安装调试、运行等方面的要求，具体包括通信机房和基础设施、光传输设备、电源设备、通信光缆等。

十三、水轮机监督

水电厂水轮发电机组稳定运行、发电机水耗及经济运行、水轮机控制系统及油压装置性能、水轮机自动化（包括计算机监控系统、水轮机保护、水轮机辅助设备控制系统）的安全、稳定运行。

十四、水工监督

水工建筑物（含大坝、厂房、输水隧洞等）、水库、库岸和工程边坡、水工金属结构、大坝安全监测、水情水调以及防汛安全。

十五、土建监督

变电站内配电装置下部基础、上部构架，各种设备基础，变压器基础，控制楼下部结构、上部结构，其他附属及辅助建筑结构及基础，站内线路架构及基础，电缆沟道、隧道，站内道路，给排水设施、地基处理、线路杆塔及基础等。

第四节　电网企业技术监督重点关注内容

电网技术监督工作需重点关注特高压设备、首台首套设备，并向配网设备拓展延伸。

加强关键设备设计校核监督：重点对特高压变压器（换流变压器、高压并联电抗器）、组合电器、换流阀、控制保护等关键设备进行故障失效模式分析，提高设计裕度，强化安全设计校核，避免因设备内部故障引发爆炸起火，避免因二次系统单一元件导致直流闭锁。加强关键组件和关键部件的试验检测监督：严格进行套管、出线装置、分接开关、盆式绝缘子、绝缘拉杆、操动机构等关键部件和原材料的入厂验收技术监督，规范关键组部件、原材料的检测项目、方法，监督开展延伸监造。

加强工厂制造和现场安装两个关键环节的质量监督：加强特高压变压器工厂绕组绕制、出线装置装配、套管引线与套管安装、器身与变压器总装等关键环节技术监督，以及组合电器灭弧室、操动机构的工厂装配；落实特高压变压器（换流变压器、高压并联电抗器）、组合电器"厂家主导、工厂化安装"的工作模式，严格安装工艺、工艺时间、安装环境控制，严格交接试验和带电调试考核。

一、特高压换流变压器关键点技术监督

特高压换流变关键点技术监督主要依据以下标准规范：DL/T 5223《高压直流换流站设计技术规定》、Q/GDW 147《高压直流输电用±800kV级换流器通用技术规范》、DL/T 1096《变压器油中颗粒度限值》、DL/T 274《±800kV高压直流设备交接试验》等行业标准、电网企业标准和规范。

（一）产品设计

监督内容包括外绝缘要求、站址要求、环境要求、站内移运要求、备用要求、消防设计、标准化设计、防过应力设计、防爆设计。

设备绝缘水平按照目前已投运±800kV工程同等海拔条件最高水平配置（1000m海拔起步）。换流站站址应避免选在地震带上，应根据站址地震烈度考虑换流变压器及套管抗震要求。尽量采用同一种设计方案，在设备外形、设备参数和分接头挡位、额定电压等设计上尽量保持统一，不同工程的换流变压器宜具备互换备用可行性。对可以互换的相同或相似的换流变压器，在主分接下的阻抗及在整个分接范围内的阻抗异应

不超过其平均实测值的±2%。校核换流变压器引线与连接金具设计，避免因设计原因导致汇流母线引线安装后套管顶部异常受力。加强换流变压器阀侧套管支撑、连接结构的材料选择、结构设计和质量管控，校核在长期应力条件下的强度是否满足要求。应进行抗短路、防爆炸能力设计校核。压力释放装置设计宜考虑内部严重短路故障时能量释放的要求，合理配置压力释放阀和防爆膜的布置位置、释放压力、响应时间等。

（二）材料部件

监督内容包括绝缘材料、绝缘成型件和出线装置、套管、分接开关、硅钢片、绕组、冷却器、油箱、油枕、压力释放阀、表计、监测装置、继电器、油位计、阀门、在线监测、直流偏磁装置、密封圈、控制柜、接地安装。

重点加强对绝缘材料的外观检查和性能检测，严格要求绝缘材料制造单位除按国际电工委员会（IEC）规定的检测项目外，增加绝缘材料体积电阻率、介电常数及金属颗粒物、聚合度的检测项目。绝缘成型件进厂时逐个进行 X 光检测，提前发现绝缘材料的质量缺陷。加强出线装置拆卸后的储运监控，发运前对出线装置的储存情况予以拍照存档。加强分接开关及联管清洁度的检查。分接开关应配置累计切换次数的动作记录器和分接位置指示器。分接开关的选择开关应有机械限位功能，束缚电阻应采用常接方式。换流变压器阀侧套管与升高座处的连接螺栓应采用专用熔弧焊机。换流变压器应采用胶囊油枕。压力释放阀动作特性应满足要求。

在线油色谱监测装置应满足国家电网设备部技术要求和入网检测要求：油色谱在线监测装置进油口应设置在本体油回路中，避开死油区，回油口宜避免油回路。换流变压器就地控制柜需满足电子元器件长期工作环境条件要求，设置空调、除湿等装置，南方地区应设置空调器，温度极低地区根据情况配置加热器。应配置铁心、夹件接地电流在线监测装置等。

（三）生产制造

监督内容包括铁心制造、绕组制作、绕组组装、油箱制作、器身装配、器身干燥、总装配、非绝缘试验、绝缘试验、噪声测量、油色谱试验、出厂资料、发运要求。

应对硅钢片、绝缘材料任一批次进行外观抽检，对导线（含换位导线）进行抽检。绕组组装应在封闭的净化工作间内作业，环境指标达到供货商文件控制标准。抽查绝缘材料及绝缘成型件质量合格。抽查油箱内部清洁度、油箱管路除锈质量。核查器身装配作业环境，查看温湿度和降尘量是否达到供应商文件控制标准。

重点关注换流变压器在绝缘试验前，线端交流耐压及冲击试验、局部放电试验、1.1倍的过电流试验后或温升试验过程中，长时空载试验过程中，均应进行色谱试验，试验前后各组分不应有明显变化。需进行开关切换前后分接开关油室的油色谱试验。发运环节所有管路接口、阀门应采取封堵密封，全程装设三维冲撞记录仪，避免超速、碰撞等。

（四）现场安装

监督内容包括到货验收、安装总要求、器身检查、换流变压器油处理、升高坐安装、套管安装、套管拆卸、出线装置安装、法兰安装、冷却器安装、联管安装、现场存放、暴露时间、密封检查、抽真空、真空抽注、热油循环。

重点检查套管到达现场，外包装应完好，包装箱上部无承载重物情况，包装箱底部无漏油油迹，高压套管冲击记录仪显示应正常。换流变压器到达现场后，充气运输的设备，油箱内应为正压。取油箱残油进行色谱分析，不应含有乙炔。凡雨、雪、风（4级以上）和相对湿度80%以上的天气不得进行内部检查。换流变压器新油应满足 GB 2536 规定添加抗氧化剂。产品安装完后主要通过高压试验对套管的电气性能进行考核，试验后油色谱试验结果与套管出厂试验结果无明显变化。套管的起吊应严格按照套管的使用指导书进行操作。

升高座内部无油后方可进行升高座拆卸工作，防止变压器本体换流变压器油泄漏。出线装置必须由厂家专业人员指导或操作，法兰安装、冷却器、联管的安装须按规定进行检查，做好清洁、密封措施。对现场存放的产品进行检验，现场放置时间超过 3 个月的换流变压器应注油保存，并装上储油柜和胶囊，严防进水受潮。真空注油完毕后，应进行整体密封性试验。真空泄漏率的检查、真空残压、热油循环速度、循环时间、结束后静置时间均应符合产品技术规定。

（五）现场试验

监督内容包括常规电气试验、长时感应耐压试验和局部放电试验、长时感应耐压试验和局部放电试验、站系统调试、大负荷试验等开展情况。

绝缘电阻和介质损耗相间偏差不大于 30%。直流电阻相间偏差不大于 1%。试验程序、试验电压和持续时间按 GB 1094.3《电力变压器　第 3 部分：绝缘水平、绝缘试验和外绝缘空气间隙》的规定进行。在网侧、额定电压下，对换流变压器冲击合闸 5 次，每次间隔时间不小于 5min。冲击合闸前后的油色谱分析结果应无明显差别。应进行红外和紫外测试、声级及振动测试。在端对端系统调试中进行额定功率持续运行和过负荷试验时，记录换流变压器油温和铁心温度（如有传感器），用红外检测仪测量油箱表面温度分布，其温升值应符合产品订货合同的规定。

（六）运行维护

监督内容包括日常监视、特殊巡检、停运检修。

加强换流变压器铁心、夹件接地电流监控以及离线测量比对，接地电流异常持续增长时，可选择加装限流电阻柜进行限流；年度检修期间发现铁心、夹件绝缘偏低缺陷时，可采用冲击法进行消缺。

在下列情况下应对变压器进行特殊巡视检查，应增加巡视检查次数：变压器经过检修、改造并投运的 72h 内；变压器有严重缺陷时；气象突变（如大风、大雾、大雪、冰雹、寒潮等）时；雷雨季节特别是雷雨后；高温季节、高峰负载期间；变压器急救负载运行时。

变压器有下列情况之一者应立即停运变压器：声响明显增大，声响异常，内部有爆裂声；严重漏油或喷油，油面下降到低于油位计的指示限度；套管有严重的破损和放电现象；变压器冒烟着火；周边设备发生火灾、爆炸或其他危及变压器的情况时。

二、特高压变压器关键点技术监督

特高压变压器关键点技术监督主要依据以下标准规范：GB/T 17468《电力变压器选用导则》、DL/T 722《变压器油中溶解气体分析和判断导则》、DL/T 1799《电力变压器直流偏磁耐受能力试验方法》、GB 1094.3《电力变压器 第 3 部分：绝缘水平、绝缘试验和外绝缘空气间隙》、GB/T 1904.4《电力变压器 第 4 部分：电力变压器和电抗器的雷电冲击和操作冲击试验导则》、Q/GDW 192《1000kV 电力变压器、油浸电抗器、互感器施工及验收规范》、GB/T 50835《1000kV 电力变压器、油浸电抗器、互感器施工及验收规范》、GB/T 50832《1000kV 系统电气装置安装工程电气设备交接试验标准》、GB/T 24846《1000kV 交流电气设备预防性试验规程》、DL/T 5292《1000kV 交流输变电工程系统调试规程》等国家标准、行业标准、企业标准和规范。

（一）规划可研

监督内容包括基本参数、环境要求、附属设施要求。

审查短路电流计算报告，阻抗选择应满足系统短路电流控制水平；扩建变压器的阻抗与运行变压器的阻抗应保持一致。变压器各侧电压变比应符合标准参数要求，扩建变压器的电压变比与运行变压器应保持一致。变压器抗震设计应按照 GB 50260《电力设施抗震设计规范》相关要求执行。耐受直流偏磁能力每相不低于 6A，根据接地极设计实际情况、当地土壤电阻率及电网运行接线方式确定是否安装隔直或限制装置。套管爬距应依据污区分布图进行外绝缘配置。备用相位置应考虑带电安装套管等附件的安全距离，在运行相设备不停电情况下满足备用相局放试验不受干扰。选址应兼顾运输交通、消防应急需求，充分考虑变压器运输途中的道路桥梁、港口、河道水文等情况，综合考虑地质、水源等条件，避免基础沉降；并考虑日常运行维护，特别是应急消防和事故抢修需要，优先考虑临近城市且交通方便区域，最近消防中队到达特高压站时间应在 1h 以内，并提前考虑消防驻站车辆停放、人员值守用房等保障措施。大件运输道路宜具备返回厂家大修条件。应配置完善的在线监测装置，包括油色谱在线监测装置、铁心、夹件接地电流在线监测装置、多参量综合监测装置等。应配置在线智能巡视系统，包含高清视频、智能机器人巡视系统和数字化监测仪表。应具备本体远程自动排油功能。变压器备用相到各运行相之间应配置导轨、移位小车，实现带套管、带油运输。变压器区域消防救援通道应满足多辆消防车同时作业需求，配置高效消防设施。

（二）工程设计

监督内容包括各类计算报告、电气设计、附属设施设计。

审查抗震能力计算报告和抗偏磁能力计算报告，检查变压器耐受直流偏磁能力是否满足要求。变压器应具备远程自动排油功能，可投手动、自动，具备即刻复归功能及泄漏监测功能；优化引线选型、挂点位置选择，合理选择线夹材质、型号，避免因设计原因导致引线安装后套管顶部异常受力；厂家应开展设备极端故障情况下安全设计校核，提高变压器本体油箱及升高座法兰连接部位设计强度，合理设置防爆膜等有效泄压通道，并在高压套管升高座配置独立气体继电器。厂家须合理研究套管、出线装置绝缘和通流裕度提升措施，建议套管温升试验电流不小于额定电流的 1.30 倍且最热点温度满足规程要求，套管、出线装置绝缘设计水平不低于主设备绝缘耐受水平的 1.20 倍。二次设计部分应明确轻瓦斯保护投跳闸，优化压力释放能力和设置定值，临近隔离开关的二次设备要注意防电磁干扰设计。

附属设施设计重点多参量综合监测装置配置，包含高频局部放电、超声局部放电、振动，强化出线装置、套管尾端等重点部位监测，并统一接入监测系统。备用相冷却系统需接通电源。消防设施重点明确：防火墙上方架构耐火时间不小于 2.5h；事故油池应满足总单台油量（含调补变）的 100%；变压器集油坑格栅架空布置，其上铺鹅卵石，格栅下方空间可容纳 20% 变压器油量；周边 20m 范围电缆沟应密封。

重点强化防过热等设计：所有设备通流回路、接头端子均应进行通流密度（0.07A/mm^2）、接头压紧力校核，严格铜铝过渡设计方案；所有充油充气设备、表计等需满足站址最低温启动和运行要求，水管、消防管路满足防冻要求；风沙大的地区所有户外端子箱、检修柜应采用双层不锈钢门设计。储油柜与主联管接口预留适当高度，排油时预留部分残油，防止储油柜内异物流出，如设计积污盒，应考虑一定坡度以便于异物沉积，在积污盒下方设计排油管路或取油阀便于取样分析。厂家应明确压力释放阀、气体继电器等的整定值，表计、监测装置、继电器等二次设备应满足安装地点环境条件要求，如最低环温下可靠工作。

（三）设备采购

监督内容包括技术规范书审查、设计联络会。

技术规范书审查重点关注油色谱在线监测装置所有组分测量精度达到 A 级。正常检测周期下，载气的使用年限不少于 3 年；检测周期可通过现场或远程方式进行设定，最小检测周期不大于 2h。直流偏磁耐受能力：对受直流偏磁影响的变压器，应考虑在直流偏磁作用下产生振动而导致结构件的松动，每批次宜抽取一台进行直流偏磁耐受能力试验，试验方法和结果应符合 DL/T 1799 要求。厂内局部放电试验时应对局部放电仪示波图及数据等进行全程摄像、ABB 公司出厂的 GOE 型套管末端接线端子应采用通孔型结构、确定综合监测装置各传感器布点位置等。

（四）设备制造

监督内容包括引线装配及半成品试验、总装配。

高压柱间连线绝缘厚度偏差见各厂引线操作工艺文件。引线对地及引线之间距离符合设计要求。变比、直阻测试合格。重点关注成型绝缘件（升高座等异形件除外）进厂时每件均进行外观质量检查和 X 光检测，且不应有金属颗粒、杂质、气隙。出线装置安装过程正常，成型件无损伤。高、中压套管安装使用专用吊具安装，套管插入深度符合要求；套管和均压球之间纯油距大于或等于 5mm；高压出线装置的等位线固定牢固、无松动且不得高出均压球。胶囊充气试漏合格后安装于储油柜。检查气相干燥工艺记录，总时长的前 30%阶段出水量不宜超过总出水量的 80%。

（五）设备验收

监督内容包括出厂试验总体要求、变压器局部放电试验、冲击电压试验、空载损耗和负载损耗试验、油色谱试验。

厂家应提供油温 5～40℃的范围内，不同温度下对应的介质损耗和绝缘电阻值。变压器局部放电试验中应分别在绝缘试验前、线端交流耐压试验时、绝缘试验后、开启全部潜油泵时各进行一次。重点关注是否有明显的局部放电量，并应查明原因。局部放电过程中，应全程录屏。在试验过程中，重点观察脉冲特征（极性和振荡），以及闪现的不同传递比的放电脉冲。一旦发现局部放电异常，应停止试验，加装超声探头，进行超声局部放电定位。试验过程中应同步监测铁心夹件高频局部放电信号。

冲击电压试验中如出现高频振荡或少量的变化迹象，应通过中性点示伤电流、其他绕组电容传递示伤电流进行判断。一般情况，示伤电流没有异常则可证明产品试验通过。如果示伤电流也无法判断，允许增加全电压的冲击波；如果没有发现差异扩大，则应认为试验合格。在绝缘试验前、后应进行初次空载损耗的测量，空载试验电压波形应满足要求。变压器出厂试验完成后，应对油浸电容式套管进行油色谱分析，与套管出厂时提供的色谱试验对比，各组分不应有明显变化。到货验收环节重点关注现场放置时间超过 3 个月的变压器应注油保存，并装上储油柜和胶囊，严防进水受潮。注油前，必须测定密封气体的压力，核查密封状况，必要时应进行检漏试验。

（六）设备安装

监督内容包括重点附件检查，内检，高压升高座的安装，高、中压套管安装，暴露时间，真空注油，热油循环，密封试验。

特高压变压器安装统一执行"厂家主导、工厂化安装"方式执行，配置现场安装作业车间，严格控制安装作业时的降尘量、湿度等环境条件，严格套管、出线装置等安装工艺要求。内检时重点关注暴露时间是否满足要求。用 2500V 绝缘电阻表测量铁心、夹件分别对地以及铁心和夹件之间绝缘电阻是否良好；箱底清理干净，无异物、脏污等。

高压升高座安装时应注意器身出线角环与出线装置插接时使用引板并缓慢调整角度，防止损伤角环，成型件搭接尺寸符合图纸要求。高、中压套管安装使用专用吊具安装，套管插入深度符合图纸要求。高压出线装置的等位线固定牢固、无松动，且不得高出均压球。从打开盖板至开始抽真空的暴露时间不得超出规定，器身暴露时间若超过上述规定，应延长抽真空时间或者依照厂家相关技术要求处理。真空注油时以 3～5t/h 的速度将油注入箱体，注油全过程应持续抽真空。热油循环阶段应保证真空热油循环速度为6000～10 000L/h，滤油机出口温度设定不超过 75℃，变压器出口油温到达 55℃开始计时，循环时间应不少于 96h（或按照厂家技术要求执行）。热油循环期间（变压器出口油温达到 55℃后），开启一组潜油泵，运行 2h 后，切换下一组潜油泵，按此方法依次对所有冷却器潜油泵至少循环一遍，不允许开启风机。

（七）设备调试

监督内容包括调试前具备的条件、常规电气试验、特殊电气试验、系统调试、油化试验。

需重点关注特殊电气试验。局部放电过程中，应全程录屏，采用 40～300kHz 测试频带。局部放电试验尽量采用独立的电源车；局部放电测量仪的 220V 电源前端增加隔离变压器；防止从地线回路串入干扰；避免各测量阻抗及其测量仪器的多点接地，采用绝缘软铜接地线"辐射型"接地方式。局部放电试验时要同步进行铁心夹件高频接地电流的监测，一旦发现局部放电异常，应停止试验，加装超声探头，进行超声局放定位；超声探头安装位置应包括高、中、低压升高座，需要时增加靠近绕组位置的箱壁测点；高频 TA 要进行方波校正。油化试验中，注油静置、耐压以及局部放电试验后，应严格确保在不少于 24h 后进行油色谱取样。取样范围应包括变压器本体上、中、下取样口。

（八）竣工验收

监督内容包括交接试验验收、本体外观验收、组件和部件验收、在线监测装置验收、二次系统验收。

交接试验报告项目齐全，试验结果满足 GB/T 50832《1000kV 系统电气装置安装工程电气设备交接试验规程》要求。组件和部件验收时，重点检查套管末屏密封是否良好，接地可靠。油色谱在线监测装置阈值设置应满足要求，并具备集中监测、远程启动和周期调整等功能。从非电量保护元件本体拨动试验按钮，发出动作信号测试其动作是否正确。

三、特高压高压电抗器关键点技术监督

特高压高压电抗器关键点技术监督主要依据以下标准规范：DL/T 722《变压器油中溶解气体分析和判断导则》、DL/T 1799《电力变压器直流偏磁耐受能力试验方法》、GB 1094.3《电力变压器 第 3 部分：绝缘水平、绝缘试验和外绝缘空气间隙》、GB/T 1904.4《电力变压器 第 4 部分：电力变压器和电抗器的雷电冲击和操作冲击试验导则》、Q/GDW 192《1000kV 电力变压器、油浸电抗器、互感器施工及验收规范》、GB/T 50835《1000kV 电力变压器、油浸电抗器、互感器施工及验收规范》、GB/T 50832《1000kV 系统电气装置安装工程电气设备交接试验标准》、GB/T 24846《1000kV 交流电气设备预防性

试验规程》、DL/T 5292《1000kV 交流输变电工程系统调试规程》等国家标准、行业标准、企业标准和规范。

（一）规划可研

监督内容包括环境要求、附属设施。

高压电抗器抗震设计应按照 GB 50260《电力设施抗震设计规范》相关要求执行。重点关注备用相位置应考虑带电安装套管等附件的安全距离，在运行相设备不停电情况下满足备用相局部放电试验不受干扰。选址应兼顾运输交通、消防应急需求，充分考虑高压电抗器运输途中的道路、桥梁、港口、河道水文等情况，综合考虑地质、水源等条件，避免基础沉降；并考虑日常运行维护，特别是应急消防和事故抢修需要，最近消防中队到达特高压站时间应在 1h 以内，并提前考虑消防驻站车辆停放、人员值守用房等保障措施。大件运输道路宜具备返回厂家大修条件。应配置油色谱在线监测装置、铁心、夹件接地电流在线监测装置、多参量综合监测装置、在线智能巡视系统。综合考虑工程重要性、线路停运影响及站间交通运输条件等因素，合理配置特高压高压电抗器备用相。高压电抗器区域消防救援通道应满足多辆消防车同时作业需求；配置高效消防设施。

（二）工程设计

监督内容包括各类报告、电气设计、附属设施设计。

审查抗震能力计算报告，检查高压电抗器抗震能力是否满足要求。一次设计部分应明确高压电抗器相关功能。厂家应开展设备极端故障情况下安全设计校核，合理研究套管、出线装置绝缘和通流裕度提升措施，二次设计部分应明确轻瓦斯保护投跳闸，优化压力释放能力和设置定值，临近隔离开关的二次设备要注意防电磁干扰设计。

明确高压电抗器在线监测装置功能及布点要求，重点关注是否配置多参量综合监测装置。明确消防设施相关设计标准。所有充油充气设备、表计等需满足站址最低温启动和运行要求，水管、消防管路满足防冻要求；风沙大的地区所有户外端子箱、检修柜应采用双层不锈钢门设计。储油柜与主联管接口预留适当高度，排油时预留部分残油；如设计积污盒，应考虑一定坡度以便于异物沉积，在积污盒下方设计排油管路或取油阀以便于取样分析。设计单位应明确压力释放阀、气体继电器等的整定值，表计、监测装置、继电器等二次设备应满足安装地点环境条件要求，如最低环境温度下可靠工作。

（三）设备采购

监督内容包括技术规范书审查、设计联络会。

油色谱在线监测装置所有组分测量精度达到 A 级；特高压高压电抗器质保期宜延长至 5 年。宜在合同中明确出厂时所有高电压试验一次通过，如高电压试验失败，整改一次后仍未通过，则甲方有权做退货处理。厂内局部放电试验时应对局部放电仪示波图及数据等进行全程摄像。ABB GOE 型套管末端接线端子应采用新型结构。确定综合监测装置各传感器布点位置。油色谱在线监测装置进油口应设置在本体油回路中，避开死油区。回油口宜避免油回路。

（四）设备制造

监督内容包括引线装配及半成品试验、总装配。

成型绝缘件（升高座等异形件除外）进厂时每件均进行外观质量检查和 X 光检测，且不应有金属颗粒、杂质、气隙。重点关注铁心、接线等位置的尖端以及内部接线、螺栓等做好防松控制措施。出线装置安装过程正常，成型件无损伤。首、末端套管安装使用专用吊具安装，套管插入深度符合要求。检查气相干燥工艺记录，总时长的前 30%阶段出水量不宜超过总出水量的 80%。如发现超出需向相关技术监督单位报备并重点关注后续雷电冲击、局部放电等特殊性试验。

（五）设备验收

监督内容包括出厂试验总体要求、高压电抗器局部放电试验、冲击电压试验、油色谱试验、到货验收。

厂家应提供油温 5～40℃的范围内，不同温度下（宜包括 10、20、30、40℃）对应的介质损耗和绝缘电阻值，要注意横向比较。高压电抗器出厂试验时应将供货的套管安装在本体上进行试验，且厂内试验时套管安装位置应与现场安装后保持一致。试验项目及标准应符合订货合同的要求，全部型式试验应在第一台高压电抗器上进行。高压电抗器局部放电试验有明显的局部放电量，即使小于要求值也应查明原因。局部放电过程中，应全程录屏。对于试验过程中出现的异常信号，应进行分析确认，重点观察脉冲特征（极性和振荡），以及闪现的不同传递比的放电脉冲。试验期间应记录任何明显的局部放大起始电压和熄灭电压。试验过程中应同步监测铁心夹件高频局部放电信号。冲击电压试验中如出现高频振荡或少量的变化迹象，则应通过中性点示伤电流进行判断。高压电抗器出厂试验完成后，应对油浸电容式套管进行色谱试验，与套管出厂时提供的色谱试验对比，各组分不应有明显变化。

（六）设备安装

监督内容包括重点附件检查、内检、高压升高座的安装、高压套管安装、暴露时间、真空注油、热油循环、密封试验。

特高压、高压电抗器安装统一执行"厂家主导、工厂化安装"方式执行，配置现场安装作业车间，严格控制安装作业时的降尘量、湿度等环境条件，严格套管、出线装置等安装工艺要求。内检暴露时间应符合要求。重点关注用 2500V 绝缘电阻表测量铁心、夹件分别对地以及铁心和夹件之间绝缘电阻是否良好，应大于或等于 500MΩ；箱底清理干净，无异物、脏污等。高压套管升高座安装时应注意器身出线角环与出线装置插接时使用引板并缓慢调整角度，防止损伤角环，成型件搭接尺寸符合图纸要求。高压套管安装时高压出线装置的等位线固定牢固、无松动且不得高出均压球。从打开盖板至开始抽真空的暴露时间不得超出相关规定要求。

真空注油应以 3～5t/h 的速度将油注入箱体，注油全过程应持续抽真空。保证真空热油循环速度、滤油机出口温度设定、循环时间均应达到厂家技术要求执行。

（七）设备调试

监督内容包括调试前具备的条件、常规电气试验、特殊电气试验、系统调试、油化试验。

设备调试试验前，油温应在 5～40℃的范围内；绝缘电阻和介质损耗相间偏差不大于 30%。直流电阻相间偏差不大于 1%。特殊电气试验，耐压试验电压为 80%中性点绝缘水平，持续时间 60s。系统调试应进行红外、紫外、声级及振动测试。油化试验耐压试验后，应严格确保在不少于 24h 后进行油色谱取样。取样范围应包括高压电抗器本体上、中、下取样口。所有现场试验完毕后，套管应取油样测试，保证油中气体含量符合相关要求。

（八）竣工验收

监督内容包括交接试验验收、本体外观、组部件验收、在线监测装置验收、二次系统验收。

交接试验报告项目齐全，试验结果满足 GB/T 50832《1000kV 系统电气装置安装工程电气设备交接试验规程》要求。表面干净、无脱漆锈蚀，无变形，密封良好，无渗漏，标志正确、完整，放气塞紧固。套管末屏密封良好，接地可靠。生产厂家明确套管已取油量和最大取油量，避免因取油样而造成负压。现场测量储油柜真实油位。油色谱在线监测装置阈值设置应满足要求，并具备集中监测周期调整等功能。从非电量保护元件本体拨动试验按钮，发出动作信号测试其动作是否正确。

四、特高压换流阀关键点技术监督

特高压换流阀关键点技术监督主要依据以下标准规范：DL/T 5223《高压直流换流站设计技术规定》、Q/GDW 10491《特高压直流输电换流阀设备技术规范》、Q/GDW 1263《±800kV 直流系统电气设备监造导则》、DL/T 377《高压直流设备验收试验》、Q/GDW 275《±800kV 直流系统电气设备交接验收试验》。

（一）产品设计

监督内容包括稳态设计（±800kV/8GW 工程）、冗余设计、抗震设计、容错设计、防发热设计、防火设计、环境要求、消防设计、阀控系统等关键点。

应选用不小于 6 英寸的晶闸管，正、反向阻断电压，通流能力、关断时间等稳态设计要符合要求。每个单阀中必须增加一定数量的冗余晶闸管级。阀厅构筑物抗震等级应符合工程所在地抗震要求，每个单阀应配置过电压保护装置。每只晶闸管元件都应具有独立承担额定电流、过负荷电流及各种暂态冲击电流的能力。阀塔内主通流回路接头接触面积应保证载流密度满足防发热设计要求。阀塔内各层、组件及晶闸管级间应采取必要的防火隔离措施。阀组件层间应留有足够的距离，避免火情纵向蔓延。换流阀塔内的非金属材料应为阻燃材料，并具有自熄灭性能。电容器不应选择电解电容。

阀控系统应实现完全冗余配置，严格落实控制保护系统标准化接口要求，直流控制保护与阀控采用标准化接口，阀控与直流控制保护主机之间的信号通信协议采用 IEC

60044 - 8 协议或者光调制协议；阀控与运行监控后台之间的信号通信协议采用 Profibus 或 IEC 61850 协议。两套阀控系统的跳闸信号回路应彼此独立。两套极控系统均故障时，阀控系统应能及时闭锁脉冲停运直流。阀控系统的主从状态切换应与极控系统一致。每套阀控系统应由两路完全独立的电源同时供电。换流阀晶闸管监视系统应能在不外加任何专用工具的情况下，直接显示故障位置和数量信息。应校核阀控至换流阀之间通信光纤满足可靠通信距离要求，每层阀组件保证充足的备用光纤。阀控"VBE 允许解锁"信号应直接送至极控系统。阀控系统跳闸若采用电信号，则应采用动合回路，保证回路接线正确。极（阀组）控系统执行阀控系统跳闸命令前应进行系统切换。

阀控系统配置的保护功能不应与直流控制保护系统中的保护功能相重叠。应能实现与阀控系统联动进行单只晶闸管测试，确保触发及回报回路正常。应充分考虑并满足温湿度类、电磁兼容类、振动类试验要求。换流阀的控制系统应保证换流阀在一次系统正常或故障条件下正确工作。在任何情况下都不能因控制系统的工作不当而造成换流阀的损坏。换流阀的控制系统应能接收直流控制保护系统发出的并行控制脉冲，并能实时向直流控制保护系统提供阀的开通或关断状态。换流阀的控制系统应向极控或阀组控制提供阀误触发及丢脉冲检测信号。

（二）阀组件

监督内容包括晶闸管、干式电容器、阳极电抗器、触发单元、阻尼电容、阀避雷器、阀组件材料、水管路。

晶闸管应符合 GB/T 20992《高压直流输电用普通晶闸管的一般要求》或 GB/T 21420《高压直流输电用光控晶闸管的一般要求》的规定。同一单阀的晶闸管应采用同一供应商的同型号产品，不可混装。每只晶闸管出厂试验必须进行高温阻断等老炼试验筛选。每只晶闸管元件都应单独试验并编号，并提供相应的试验记录以供追溯。阻尼电路中的电容器采用干式结构，内充惰性绝缘气体。阀阻尼电容应具有过电压防爆功能。每只电容器出厂前必须进行端子间电压试验、局部放电试验，以及电容值及损耗角的测量。电抗器应采用低损耗的铁心材料。每台电抗器出厂前必须进行水压试验、电压时间面积测量、冲击电压耐受试验，工频耐压和局部放电测量抽检。

换流阀晶闸管门触发控制单元在制造材料与工艺上应严格把关，且需设置过电压保护。控制单元设计应考虑充分的设计裕度，控制单元器件及布线应合理，强、弱电功能区域宜分开布置。控制单元宜采取整体隔离防火措施，如采用金属外壳进行保护。阻尼电容应采用干式金属化膜电容器，内部不充油，内部宜采用较稳定的气体作为绝缘介质，金属铝外壳封装。阻尼电容应采用防爆、阻燃设计，且应具有自愈功能。阀避雷器应采用无间隙金属氧化物避雷器，满足 GB/T 22389《高压直流换流站无间隙金属氧化物避雷器导则》相关要求。水管路材质应选用国际主流的耐高温、耐高压的聚偏氟乙烯（PVDF）材料，选用性能优良的密封垫圈，接头选型应恰当。阀塔水管设计时，应最大限度减少水管接头的数量，优先选用大管径冷却管路。阀塔主水管连接应优先选用法兰连接。

（三）试验要求

监督内容包括支撑结构绝缘试验、单阀绝缘试验、多重阀绝缘试验、大负载试验、损耗试验、直流断续试验、最小交流电压试验、暂时低电压试验、短路电流试验、避雷器试验、过电压试验。

阀的悬吊/支撑结构必须进行陡波头冲击耐压试验。应对完整的阀进行试验，包括阀运行所必需的附属设备（例如阀电抗器），以正确模拟阀的实际运行条件。试验中应附加阀电路的杂散电容，以模拟附近建筑物中的钢结构，接地网和其他任何结构物的影响。阀应按规定要求进行湿态操作冲击电压耐受试验。阀应按要求进行湿态直流耐压试验，且需将 IEC 60700-1 第 8.3.1 款中阀的直流耐压试验中 3h 试验改为 5min。多重阀中应包含所有冷却设备和控制设备。多重阀对地直流耐压试验、多重阀单元的绝缘试验、操作冲击耐压试验、雷电冲击耐压试验和陡波头冲击耐压试验应满足试验规定时间和次数。

应在规定的电流、电压、过电压、最大角度、触发角、持续时间等参数要求下进行大负载试验。换流阀在最小稳态/暂态触发角和最小稳态/暂态熄弧角下能正确触发，不发生换相失败。要求进行带后续闭锁的一个周波的短路电流试验和不带后续闭锁的三个周波的短路电流试验。进行阀的交流耐压试验时，试验方法、电压值、加压程序和评定标准应符合技术规范的规定，试验结果应符合设计要求。应测量金属氧化物避雷器及基座绝缘电阻。测量金属氧化物避雷器的工频参考电压和持续电流。开展工频放电电压试验。验证换流阀是否能承受所有冗余晶闸管级数都损坏的条件下各种过电压。

（四）阀冷水路

监督内容包括水管及接头、漏水检测、分支水管、阀控系统。

对水管及接头进行二次复检，阀电抗器水管接头部分 100%复检。阀塔冷却回路漏水检测装置功能正常可靠运行。分支水管安装位置正确，密封圈安装平整，无遗漏，水管接头紧固力矩符合相关技术规范要求。阀控系统电源相关试验应满足规定要求，如在直流馈线屏上断开电源开关，逐个验证阀控系统电源接线正确性等。应检查阀控系统电源冗余配置情况。用于保护及控制的单屏蔽电缆屏蔽层应采用两端接地方式。阀控系统二次回路绝缘试验、ACTIVE 和 DBLK 信号相关试验、阀控跳闸试验应满足试验规定要求。

（五）调试要求

监督内容包括换流阀外观无火花、放电等异常现象。

重点检查以下项目。

（1）换流阀无异常响声。

（2）红外测温无异常，紫外成像无放电现象。

（3）换流器相关电压、电流及控制信号录波波形无异常。

（4）OWS无换流阀相关告警、跳闸事件。

（六）运行维护

监督内容包括长期运行、红外测试、紫外测试、异常报警、火灾应急预案、上下电顺序、阻尼电阻、光缆检查、水冷管路检查、绝缘子检查、备品存储。

对于运行超过15年的换流阀，当故障晶闸管数量接近单阀冗余晶闸管数量或者短期内连续发生多个晶闸管故障时，应申请停运并进行全面检查，更换故障元件后方可再投入运行。晶闸管换流阀运行15年后，每3年应随机抽取部分晶闸管进行全面检测和状态评估。运行期间应定期对换流阀设备进行红外测温，必要时进行紫外检测。对于换流阀出现诸如保护性触发、晶闸管故障等异常报警事件时，应立即安排人员对换流阀运行状态进行检查。完善火灾应急处置预案并组织进行实际演练。应特别注意极控、阀控接口屏，阀控的上下电顺序。年度检修期间应检查阀塔内阻尼电阻等元器件是否有电化学腐蚀现象。光缆检查应在新投运换流站当年年检，以后每5年开展一次检查；投运10年以上年检时应抽检；投运20年应每两年开展一次全面检查。应加强阀塔水管漏水巡视和检查，对水管及接头的外观进行严密检查。停电检修时，应按每5年抽检10%的比例对换流阀绝缘子（瓷绝缘子和复合材料绝缘子）表面裂纹和闪络痕迹情况进行抽查。对换流阀及阀控和控制保护等二次重要备品备件的存储环境应符合标准要求，有效维持备件在长期储存中的良好状态。

五、特高压直流控制保护关键点技术监督

特高压直流控制保护关键点技术监督主要依据以下标准规范：《直流控制保护系统监造作业规范》《电力行业信息系统安全等级保护基本要求》等企业标准和规范。

（一）工程设计

监督内容包括控制功能、保护功能设计、切换功能设计、录波功能设计、自检功能设计、控制和监视功能设计。

新建特高压直流工程受端采用定直流电压控制。极控低压限流（VDCOL）控制功能应躲过另一极线路故障及再启动的扰动，防止一极线路故障导致另一极控制系统误调节。无功控制逻辑中，应增加滤波器大组母线电压及大组断路器状态。电压应力保护应采用三相换流变压器中分接开关的最高挡位计算，同时配置分接开关挡位越限的检测逻辑，出现挡位越限应保持故障前挡位运行。阀控主机、极控主机以及三取二主机存在跳闸出口的情况下，应无法由试验状态切至运行状态，并且无法由备用状态切至主用状态。信息通信协议及功能遵循Q/GDW 11764《高压直流工程直流控制保护与稳控装置接口技术规范》。配置两套操动机构的直流断路器，控制软件中允许操作信号应使用两套断路器操动机构信号参与判断。

保护功能设计中应检查直流保护系统配置是否合理，电气量保护是否能区别不同的故障状态。采用双重化配置的保护装置，每套保护应采用"启动+动作"逻辑。应设置

阀组检修按钮，避免检修阀组相关工作引发运行设备直流保护误动作。金属回线横差保护应仅在单极金属回线运行方式下有效。直流穿墙套管故障应设计在换流器差动保护的保护范围内，套管故障后应具有重启非故障换流器的功能。

切换功能设计中要求当备用系统发生轻微故障时，系统不应切。当运行系统发生紧急故障时，若另一系统处于备用状态，则系统切换。切换后紧急故障系统不能进入备用状态。当运行系统发生紧急故障时，如果另一系统不可用，则闭锁直流。备用系统发生严重或紧急故障时，应进入不可用状态。交流滤波器保护应配置手动触发装置录波功能。直流控制保护系统内置故障录波应具备自动上传文件服务器或其他固定存储设备功能，便于运行维护人员调取。控制系统切换、任一套保护动作、开关量变位、模拟量突变及越限、闭锁信号均应启动故障录波。直流控制保护系统应具备完善、全面的自检功能。

（二）产品设计

监督内容包括模块、主机、分层结构、冗余配置、硬件接口、直流控制系统电源、支流控制系统通信、屏柜布局。

控制保护等二次系统的芯片、光纤、光通信收发模块、插槽需选用成熟可靠产品。分层结构符合规范要求，直流控制系统应采用完全双重化配置，交流保护采用双重化（启动＋动作）、直流保护采用三重化配置（三取二）。在两套控制系统均可用的情况下，一套控制系统任一环节故障时，应不影响另一套系统的运行；任意一套系统应具备单独检修条件。应按各种特殊工况全面试验通信接口故障。站监控系统冗余服务器及共享磁盘阵列系统设计时，应能保证两套服务器可分别重启且互不影响。冗余配置的服务器宜分别配置单独的磁盘阵列。两套控制系统的交流电压、交流电流应分别取自电压互感器和电流互感器互相独立的绕组。接入冗余控制保护系统的断路器、隔离开关辅助触点信号电源应相互独立。三套配置的保护装置信号电源应来自三回不同电源，防止信号电源故障导致保护拒动。冗余系统的信号电源回路不应有公共元件，防止单一元件故障导致两套系统电源丢失。

控制保护与阀控、阀冷、换流变压器、安稳系统应采用标准化接口，信号逻辑及功能应符合相关接口技术规范及有关会议纪要要求。检查接口是否符合规范要求。检查运行人员控制系统与远动系统、站控、双极/极/换流器控制、直流保护之间的硬件接口符合规范要求。检查站控、极/双极/换流器控制、直流保护之间的硬件接口符合规范要求。检查与交流保护、主时钟、故障录波系统、保护子站等设备的硬件接口符合规范要求。阀控系统作为控制系统的子系统，与阀组控制系统应对应，并采用光纤通信，阀控系统故障后将故障信息送至控制系统。直流控制系统外部电源应采用双路完全冗余供电方式，直流控制保护系统每层I/O接口模块应配置双电源板卡供电。控制保护主机主CPU与接口板卡间的数据通信应具备完善的校验功能。

（三）现场安装

监督内容包括安装环境、运行环境。

应保证控制保护装置的温度、防尘、屏蔽等运行环境条件。控制保护屏柜应在控制保护小室装修完成后再进行安装。现场应控制直流控制保护系统运行环境，监视主机板卡的运行温度、清洁度，运行条件较差的控制保护设备可加装小室、空调或空气净化器。

（四）厂内试验

监督内容包括元器件测试、单屏调试、控制保护程序。

控制保护系统机箱、板卡应经过元器件老化、单板功能调试、运行监测、抗干扰、抗震动等相关试验验证。控制保护厂内试验前应进行耐压、绝缘等单屏调试，并确保屏内接线正确、开入开出信号无误，模拟量输入输出变比正确、设计精度满足设计要求，各元器件功能运行正常。厂内试验应全面验证控制保护程序的冗余设计、稳态性能、动态响应、故障跳闸、保护设计等是否满足设计规范书要求。

（五）联调试验

监督内容包括参试设备、控制保护程序更新、试验项目。

直流控制保护屏柜、阀控屏柜、接口屏柜、测量装置、安稳装置等应参加联调试验，联调试验前应有详细的并经过评审的联调试验项目清单，联调时的问题及解决方案应详细记录，修改控制保护程序应提供软件修改联系单，控制保护程序版本升级应提供版本升级说明。联调试验项目应涵盖所有运行方式，试验项目应包含但不限于故障跳闸、冗余丢失、单一元件故障、网络风暴等。调试期间应开展完善的接口扰动试验，确保不出现由于单一接口信号故障所导致的直流闭锁问题。

（六）现场试验

监督内容包括滤波器投退功能验证、TV 断线故障验证、冗余功能验证、故障动作策略验证、网络风暴验证、总线异常告警功能验证、电源试验、控制系统专项验证、直流测量设备校验。

调试验收时应开展交流滤波器投退试验和调频调谐试验、换流变压器进线 TV 空气断路器跳开判断逻辑试验、故障模拟试验。通过断开极控制系统与智能子系统间的通信连接线等方式验证监测功能切换逻辑是否正确。通过断开控制系统与阀控系统间的传输信号等方式验证系统切换、事件报警等功能是否正确。通过退出交流控制系统（ACC）等非必要控制系统主机，确认高压一次设备不发生状态改变，直流系统不闭锁。调试验收时应模拟不同等级的故障，验证故障后控制系统动作策略正确，事件报警无误。应通过二次设备联调试验验证。应验证直流控制系统具备完善的总线异常报警功能，并核查总线负载。应开展主机断电试验和系统故障响应正确性检查。调试期间应对全光纤式电流互感器开展精度校验，并做好校验记录。对于二次回路采用电信号传出的直流分压器，调试期间应开展隔离放大器的失电试验。调试期间应对直流分压器开展全压精度校验，对直流电流传感器进行精度校验，并做好校验记录。

（七）运行维护

监督内容包括软件管理、安全管理、备品管理。

直流控制保护系统的参数应由成套设计单位通过系统仿真计算给出建议值，经过二次设备联调试验验证。换流站控制软件的入网管理、现场调试管理和运行管理应严格遵守直流控制保护软件运行管理实施细则，严禁未经批准随意修改直流控制保护软件。严格验证到达现场的软件版本与联调试验最终版本一致。应每年对控制保护系统进行一次安全等级测评，发现不符合相应等级保护标准要求的应及时整改。对控制保护等二次重要备品备件的存储环境进行标准化要求，长期存储未使用的备品备件，运行维护单位应根据厂家要求和设备说明进行必要的测试试验，确保备品状态良好。

六、特高压组合电器关键点技术监督

特高压组合电器关键点技术监督主要依据以下标准规范：DL/T 522《导体和电器选择设计技术规定》、DL/T 728《气体绝缘金属封闭开关设备选用导则》、DL/T 617《气体绝缘金属封闭开关设备技术条件》、DL/T 1180《1000kV 交流电气设备监造导则》、NB/T 47013.3《承压设备无损检测　第 3 部分：超声检测》、GB 50147《电气装置安装工程高压电器施工及验收规范》、DL/T 5445《电力工程施工测量技术规范》、DL/T 618《气体绝缘金属封闭开关设备现场交接试验规程》、Q/GDW 11074《交流高压开关设备技术监督导则》。

（一）规划可研

监督内容包括 GIS 设备参数选择、GIS 结构布置。

GIS 设备额定短时耐受电流、额定峰值耐受电流、额定短路开断电流、外绝缘水平、环境适用性（海拔、污秽、温度、抗震等）满足现场运行实际要求和远景发展规划需求。充分论证断路器、母线、伸缩节等部件的布置方式。断路器两侧配置电流互感器，如装有内置式特高频传感器、示数远传 SF$_6$ 密度继电器等传感装置，应充分论证配置原则。

（二）工程设计

监督内容包括 GIS 避雷器结构合理性（如有）。GIS 内的 SF$_6$ 避雷器应做成单独的气隔，并应装设防爆装置、监视压力的压力表（或密度继电器）和补气用的阀门。

（三）设备采购

监督内容包括 GIS 气室分隔合理性、GIS 伸缩节配置合理性、关键参数设计校核。

GIS 最大气室的气体处理时间不超过 8h。三相分箱的 GIS 母线及断路器气室，禁止采用管路连接。母线侧隔离开关/接地开关应与母线气室独立。重点关注盆式绝缘子应尽量避免水平布置及 GIS 合理布置特高频局部放电内置传感器。GIS 配置伸缩节的位置和数量应充分考虑安装地点的气候特点、基础沉降、允许位移量和位移方向等因素。生产厂家应在设备投标、资料确认等阶段提供工程伸缩节配置方案。伸缩节配置应满足跨不均匀沉降部位（室外不同基础、室内伸缩缝等）的要求。用于轴向补偿的伸缩节应配备伸缩量计量尺。

（四）设备制造

监督内容包括吸附剂安装、密封面组装、绝缘件、气体监测系统、伸缩节、预留间隔、防爆膜、结构和组部件更换审核、GIS 生产全过程、机械磨合、水压试验和气密性试验、焊缝无损检测情况核查、GIS 壳体对接焊缝超声波检测。

吸附剂罩的材质应选用不锈钢材料，结构应设计合理。金属法兰盆式绝缘子应预留特高频局部放电测试口。每个封闭压力系统（隔室）应设置密度监视装置，制造厂应给出补气报警密度值，对断路器室还应给出闭锁断路器分、合闸的密度值。密度监视装置应设置运行中可更换密度表（密度继电器）的自封接头或阀门。气体监视系统的接头密封工艺结构应与 GIS 的主件密封工艺结构一致。SF$_6$ 密度继电器与 GIS 本体之间的连接方式应满足不拆卸校验密度继电器的要求。三相分箱的 GIS 母线及断路器气室，禁止采用管路连接。独立气室应安装单独的密度继电器，密度继电器表计应朝向巡视通道。

伸缩节中的波纹管本体不允许有环向焊接头，所有焊接缝要修整平滑。对伸缩节中的直焊缝应进行 100% 的 X 射线探伤，环向焊缝进行 100% 着色检查，缺陷等级应不低于 JB/T 4730.5 规定的 Ⅰ 级。伸缩节制造厂家在伸缩节制造完成后，应进行例行水压试验。

同一分段的同侧 GIS 母线原则上一次建成。如有防爆膜，则安全动作值应大于或等于规定动作值。装配前应检查并确认防爆膜是否受外力损伤。防爆膜喷口不应朝向巡视通道。断路器、隔离开关和接地开关，出厂试验时应进行不少于 200 次的机械操作试验，完成后应彻底清洁壳体内部，再进行其他出厂试验。所有盆式绝缘子、罐体均应进行水压试验和气密性试验。水压试验压力和气密性试验压力符合标准要求。生产厂家应对 GIS 及罐式断路器罐体焊缝进行无损探伤检测，保证罐体焊缝 100% 合格。壳体圆筒部分的纵向焊接接头属 A 类焊接接头，环向焊接接头属 B 类焊接接头，超声检测不低于 Ⅱ 级为合格。

（五）设备验收

监督内容包括耐压试验、断路器出厂试验、运输、GIS 设备到货验收及保管。

GIS 出厂绝缘试验应进行正负极性各 3 次雷电冲击耐压试验。断路器出厂试验应在机械特性试验中同步记录触头行程曲线，并确保在规定的参考机械行程特性包络线范围内。断路器产品出厂试验、交接试验及例行试验中，应对断路器主触头与合闸电阻触头的时间配合关系进行测试，并测量合闸电阻的阻值；应对断路器合－分时间进行测试，合－分时间应满足电力系统安全稳定要求。GIS 出厂运输时，应在断路器、隔离开关、电压互感器、避雷器和套管运输单元上加装三维冲击记录仪，其他运输单元加装振动指示器。运输中如出现冲击加速度大于 3g 或不满足产品技术文件要求的情况，产品运至现场后应打开相应隔室检查各部件是否完好，必要时可增加试验项目或返厂处理。

（六）设备安装

监督内容包括安装方案审查、安装环境检查、电气安装场地条件、电气连接及安全接地、气体监测系统、压力释放装置、室外 GIS 设备基础沉降。

审核安装单位所提供的安装作业方案、标准及安全措施等安装资料，保障现场安装流程、工艺合格。重点关注是否落实制造厂现场安装质量技术负责制。装配工作应在无风沙、无雨雪、空气相对湿度小于 80% 的条件下进行，并应采取防尘、防潮措施。所有 GIS 安装作业现场必须安装温湿度、洁净度实时检测设备，GIS、HGIS 现场安装时应采取防尘棚等有效措施，确保安装环境的洁净度。户外 GIS 现场安装时采用专用移动厂房，GIS 间隔扩建可根据现场实际情况采取同等有效的防尘措施。

电气安装场地条件应满足产品和设计要求的室内、室外安装条件和环境。装有 SF_6 设备的配电装置室和 SF_6 气体实验室，应装设强力通风装置。电气连接及安全接地应按规定要求进行操作。GIS 接地回路导体应有足够的截面，具有通过接地短路电流的能力。新投运 GIS 采用带金属法兰的盆式绝缘子时，应预留窗口用于特高频局部放电检测。SF_6 密度继电器与 GIS 本体之间的连接方式应满足不拆卸校验密度继电器的要求。三相分箱的 GIS 母线及断路器气室，禁止采用管路连接。结合设计单位对 GIS 地基土类型和沉降速率大小确定的时间和频率，判定是否满足要求；重点监督整个施工期观测次数原则上不少于 6 次；每次沉降观测结束，应及时处理观测数据，分析观测成果。

（七）设备调试

监督内容包括回路电阻试验，密封试验，伸缩节、断路器机械特性试验，断路器时间配合测试。

在 GIS 每个间隔或整体装置上进行回路电阻测量的状况，应尽可能与制造厂的出厂试验时的状况相接近。制造厂应提供 GIS 每个元件（或每个单元）的回路电阻值。测试应涵盖所有电气连接。每个封闭压力系统或隔室允许的相对年漏气率应不大于 0.5%。伸缩节安装完成后，应根据生产厂家提供的"伸缩节（状态）伸缩量－环境温度"对应参数明细表等技术资料进行调整和验收。断路器对合闸时间、分闸时间、合－分时间、合闸同期性、分闸同期性、合闸速度、分闸速度等参数应符合产品技术条件的要求。断路器产品出厂试验、交接试验及例行试验中，应对断路器主触头与合闸电阻触头的时间配合关系进行测试，并测量合闸电阻的阻值。断路器产品出厂试验、交接试验及例行试验中，应测试断路器合－分时间，合－分时间应满足电力系统安全稳定性要求。断路器交接试验及例行试验中，应进行行程曲线测试，并同时测量分/合闸线圈电流波形。

（八）竣工验收

监督内容包括整体耐压试验、SF_6 气体检测、缺陷消缺检查。

断路器、隔离开关现场交接试验前应进行 50 次操作。交接试验时，应在交流耐压试验的同时进行局部放电检测，交流耐压值应为出厂值的 100%。有条件时还应进行冲击耐压试验。试验中如发生放电，应先确定放电气室并查找放电点，经过处理后重新试验。若金属氧化物避雷器、电磁式电压互感器与母线之间连接有隔离开关，在工频耐压试验前进行老练试验时，可将隔离开关合上，加额定电压检查电磁式电压互感器的变比以及金属氧化物避雷器阻性电流和全电流。交接试验时，应对所有断路器隔室进行 SF_6 气体纯度检测，其他隔室可进行抽测；对于使用 SF$_6$ 混合气体的设备，应测量混合气体的比例。六氟化硫气体压力、泄漏率和含水量应符合 GB 50150《电气装置安装工程电气设备交接试验标准》及产品技术文件的规定。针对各个阶段所监督出的各类缺陷，逐一检查消缺整改情况。

七、首台首套设备

首台首套设备是指各网省公司 110～500kV 输变电工程中首次使用的设备，含首次入网厂家的设备，或已入网但其主要参数及结构发生变化的设备。技术监督主要范围为首次入网的主变压器（含换流变压器）、组合电器、断路器，换流阀、电力电缆、开关柜。对首台首套设备重点开展设备制造、设备验收、设备安装、设备调试、竣工验收、运行维护检修阶段开展专项技术监督工作。

八、配网设备

针对配网设备，围绕电气性能及金属等专业，分批次开展设备全寿命周期管理各个阶段的专项技术监督工作，主要包括中/低压开关柜等配网主设备；杆塔电缆及电缆附件等配网材料类设备及二次设备；其他配电设备，包括单一来源采购、三供一业、老旧小区项目等设备。

第六章

技术监督培训管理

 本章要点

1. 技术监督持证人员的分类及各类人员的资格要求。
2. 技术监督人员培训管理的目的及培训的主要形式。

第一节 概　述

作为从事电力设备设施各项重要参数及性能指标检测和评价的工作人员，技术监督专责人员及专业技术人员的管理水平及技术能力对电力设备设施和系统的安全质量、健康状态至关重要。

近年来我国电力行业实现了从追赶到超越的跨越式发展，煤电机组的运行参数越来越高，风电机组单机容量越来越大，光伏电站大规模扩建，同时随着国家能源发展战略的调整以及环境保护的压力，火力发电机组的深度调峰运行模式、风电部件重型化及大型化、光伏组件容量匹配等成为电力企业的无奈选择，这无疑对电力设备设施和系统的安全质量产生新的影响，也进一步对技术监督专责人员及专业技术人员的技术能力和水平不断提出新的要求。

在新业态、新形势下，为了适应电力发展中所面临的新情况，解决电力发展中出现的新问题，在保持从事各项技术监督人员资格证有效性的同时，需要持续丰富专业人员业务知识，不断加快知识更新的速度，努力提高专业人员业务素质和技术管理水平。因此，做好电力技术监督培训，使技术监督工作适应电力行业发展的需要，已成为一项重要工作。

第二节　技术监督持证人员资格管理

一、技术监督持证人员的分类及相互关系

根据工作性质和工作内容细分，电力技术监督直接相关的技术监督持证人员可分为两类，一类是技术监督专责人员，另一类是专业技术人员。技术监督专责人员主要从事技术监督的管理工作，例如定期检验计划的制定、检修过程的策划实施、设备缺陷的监督、运行措施的制定与落实等；专业技术人员主要从事具体的试验分析、运行维护等工作，例如电测、热工计量检测、化学水处理、水分析、化学仪表检验校准和运行维护、燃煤采制化、电力用油气分析检验、受监金属部件的无损检测与理化检验等工作。

发电企业应按照煤电、垃圾（生物质）发电、水电、风电、光伏电站的不同特点以及技术监督专业的不同，设置不同岗位的技术监督专责人员，每个专业一般配备一名技术监督专责人员。然而，由于人力资源配置因素的限制，一名技术监督专业人员同时兼任两个及以上技术监督岗位的情况也是比较普遍的。而专业技术人员，则是根据不同监督专业以及专业下分的检测试验项目而设置，对于一些需出具正式校准、检测等试验报告的项目，为了确保试验报告的准确性及有效性，每项试验项目至少应配备两名持证人员，其中一人负责试验的实施与报告的编制，另一人负责试验过程的复核与试验报告的审核；一般一名专业技术人员可同时具备从事多项作业或试验项目能力及相应的资格。

无论是技术监督专责人员还是专业技术人员，具备相应的人员资格证书，并在其资格证书有效期内开展工作，是其工作有效性的必要保证。根据其工作内容的差异可以看出，技术监督专责人员的工作侧重技术管理，其人员资格管理属于企业自律行为；为了能有效地保证工作质量，技术监督专责人员必须具备一定的专业技术知识，才能对设备状态及专业技术人员的工作质量和有效性做出科学的判断。而专业技术人员的工作则侧重于以具体电力设备设施为工作对象的检测试验及作业，其人员资格管理属于国家或行业强制要求，专业技术人员应对其工作结果的真实性、准确性和有效性负责，并结合自身工作结果向技术监督专责人员提出建议。

以燃煤电站的金属和压力容器的技术监督为例，按照 DL/T 438《火力发电厂金属技术监督规程》的规定，火力发电厂应设相应的金属技术监督网并设置金属技术监督专责工程师，负责组织金属技术监督工作的实施，金属技术监督专责工程师应参加金属技术监督管理工程师培训及考试，并取得金属技术监督管理工程师证书；按照 NB/T 47013.1《承压设备无损检测　第 1 部分：通用要求》的规定，从事承压设备无损检测的人员，应按照国家特种设备无损检测人员考核的相关规定取得相应的无损检测人员资格，取得不

同无损检测方法不同资格级别的人员,只能从事与该方法和资格级别相应的无损检测工作;按照 DL/T 991《电力设备金属光谱分析技术导则》规定,光谱分析人员应按 DL/T 931《电力行业理化检验人员考核规程》相关条款的规定,取得电力行业理化检验人员光谱分析资格证,从事与该等级相应的分析工作,并承担相应的技术责任。在金属技术监督工作实践中,金属技术监督专责工程师除确保自身资格证书满足岗位需求外,还应在金属技术监督与检验过程中确定专业技术人员的资格证书项目及等级是否满足工作需要,并具备相应的能力能够监督检验过程、审核检验报告;从事无损检测及理化检验的专业技术人员应通过确认自身持证项目及资格证书等级满足具体工作需要来保证其工作的有效性,并对工作的真实性和准确性负责,同时还应对所发现的问题的危害性进行初步评估并提出处理建议,以供技术监督专责工程师参考。

二、技术监督专责人员资格管理

为进一步提高发电企业技术监督专责人员的专业素质,有效开展技术监督管理工作,发电企业应按照规定配齐各专业技术监督专责人,并做好技术监督专责人员的专业培训、上岗资格考试的资质审查和资格申报工作,保证技术监督专责人员持证上岗。发电企业技术监督专责人员应具备一定从事相关专业工作的经验,并通过专业培训和资格考试,获得岗位合格证。

火力发电企业技术监督专业合格证一般包括绝缘、继电保护及安全自动装置、励磁、电能质量、电测、汽轮机、热工、化学、节能、环保、金属(锅炉和压力容器)、建(构)筑物监督 12 个专业。水力发电企业技术监督专业合格证一般包括绝缘、继电保护及安全自动装置、励磁、电能质量、电测与热工计量、水轮机、水工、监控自动化、化学、节能、环保、金属 12 个专业。风力、光伏发电企业技术监督专业划分一般按照《风力发电技术监督标准》及《光伏发电技术监督标准》确定。

从性质上讲,电力技术监督专责人员资格要求属于电力企业自我提升的自律行为,一般不具备法律依据。电力技术监督专责人员资格证书有效期一般为 5 年,合格证到期后,应重新参加培训及资格考试认证。持证人员在技术监督或业务工作中出现违章违纪、弄虚作假、玩忽职守或造成质量事故的,各发电企业应及时上报上级单位,吊销其岗位合格证。

三、专业技术人员资格管理

电站的设备设施种类繁杂,所涉及的工种门类繁多,其中有些已列入《国家执业资格目录》,比如焊工以及特种设备检验、检测人员,有些则需要取得行业资格,比如燃煤采制化人员。电力技术监督工作中从事电测、热工计量检测、化学水处理、水分析、化学仪表检验校准和运行维护、燃煤采制化和电力用油气分析检验、金属无损检测人员、金属理化检验等,应通过国家或行业资格考试并获得上岗资格证书,每项检测和化验项目的工作人员持证人数不得少于 2 人。

电力技术监督专业技术人员资格根据证书颁发主管部门的不同，可以分为三类，第一类是国家行政机关颁发的证书，主要涉及法定检验，如各种计量检测、特种设备无损检验人员资格等；第二类为行业管理的证书，如金属理化检验人员资格及火力发电厂燃煤采制化人员资格等；第三类为企业或集团公司可以自行组织实施并认可的培训技能证书，比如热处理人员培训证书等。

电力技术监督专业技术人员证书的作用主要体现在两个方面，其一是证明持证人员具备开展该项工作的专业知识和技术能力，即能力适应性；其二是保证持证人员的工作及其签发的报告具有法律或规范所要求的效力，即工作有效性。电力技术监督专业技术人员应在其证书有效期及证书许可的项目范围和级别范围内开展工作，例如化学技术监督中水质化验员、煤质化验员及油质化验员虽同属于化学化验员，但仅持有水质化验员资格证书的专业技术人员进行煤质、油质化验工作属于无证上岗；金属技术监督中超声检测Ⅱ级人员只能按照 TSG 08《特种设备无损检测人员考核规则》的规定从事Ⅱ级人员职责范围内的工作，而不能从事编制和审核无损检测工艺规程、对无损检测结果进行分析、评定或者解释等Ⅲ级人员职责范围内的工作。电力技术监督专责人员应在工作开始前对本专业的技术人员资格证书进行监督确认，确保其在持证项目允许范围内及证书有效期内开展工作。

从性质上，电力技术监督专业技术人员资格要求属于国家法规或行业标准强制要求的项目，部分资格证书具备法律或规范依据，如特种设备的检验检测人员资格证书、电力锅炉压力容器安全监督管理工程师资格证书。电力技术监督专业技术人员资格证书有效期一般为 4～5 年，合格证到期后，需重新参加培训及资格考试认证。电力技术监督专业技术持证人员在技术监督或业务工作中出现违章违纪、弄虚作假、不履行岗位职责违反操作规程和有关规章制度的，一般由发证机关按照相关法律规范的规定给予记入档案、吊销证书、上报行业协会及工作单位等处理，涉及违法行为的交由法律机关处理。

第三节　技术监督人员培训

为了确保电力技术监督工作的有效性、合规性及专业性，电力技术监督工作实行持证上岗制度，各发电企业应将技术监督人员持证上岗培训纳入日常监督管理和考核工作中，定期安排、组织发电企业技术监督人员的培训工作。

一、技术监督专责人员的培训管理

电力技术监督专责人员应具备相应的专业能力和技能。根据不同专业技术监督工作开展的需要，电力技术监督专责人员上岗培训及资格考试内容主要由专业知识、管理基础知识、标准规范知识三部分组成。专业知识包括本专业监督范围内基本理论、设备（或系统）结构、工作原理、设备（或系统）缺陷或故障产生原因、识别和监督处理措施；管理基础知识包括国家、行业、集团公司技术监督管理要求，日常工作内容；标准规范知识包括电力设备设计、制造、运行、维护方面的有关国家、行业标准和企业颁布的电力技术监督标准。

各集团可根据自身实际情况，结合监督专业的设置，确定培训内容和范围，组织开展相应的技术监督培训工作。电力技术监督专责人员上岗培训及资格考试一般由各集团公司的技术监督人员资格考试办公室自行组织开展。集团公司的技术监督人员资格考试办公室负责按照 DL/T 1051《电力技术监督导则》、各集团公司《电力技术监督管理办法》、技术监督标准等编制各专业技术监督培训教材和考试题库，通过重点学习和宣贯新制度、新标准规范、新技术、先进经验和二十五项反事故措施要求等内容，协助各发电企业做好技术监督专责人员的培训及上岗考试工作，从而不断提高技术监督管理水平。

根据不同技术监督专业的工作特点，部分专业的技术监督专责人员资格培训及考核工作可以由行业协会或各电力专业委员会组织实施。例如，电力行业电力锅炉压力容器安全监督管理委员会举办的电力行业金属技术监督管理工程师培训取证班，该培训班面向全国发电企业及电力科研院所，涵盖内容除专业理论知识及职责范围外，还包括新法规新标准的宣贯、新技术新方法的介绍以及典型案例分析和实际操作，其专业性更强、覆盖面更广，是各集团公司自行组织的培训工作的可选替代及重要补充。

二、专业技术人员培训管理

2018 年开始，国家"考培分离"政策已逐步落地实施，按照政策要求，电力技术监督中所涉及的专业技术人员资格的培训工作一般由社会培训机构、行业协会或区域性专业工作组负责组织实施，人员资格的考核工作一般由发证机关委托行业协会或专业工作组组织实施。例如，国家市场监督管理总局颁发锅炉检验师的培训工作一般由中国特种设备安全与节能促进会组织实施，而考核工作由国家市场监督管理总局委托中国特种设备检验协会组织实施；电力行业无损检测人员资格取证培训一般由电力行业电力锅炉压力容器安全监督管理委员会委托电力行业无损检测区域专业组承办，而考核发证工作由电力行业电力锅炉压力容器安全监督管理委员会组织实施。

电力企业可根据自身实际工作需要，安排电力技术监督专业技术人员参加取证培训及考试，集团公司的技术监督人员资格考试办公室可根据工作需要对专业技术人员资格证实施统一管理。电力技术监督专业技术人员初次取证时，应注意分别申请参加培训及考试，以避免"裸考"情况的发生；电力技术监督专业技术人员换证时应按照换证考试规则的要求，提前发起换证培训申请及考试申请。

三、技术监督培训的主要形式

电力技术监督专业技术人员参加的取证、换证考试培训主要着眼于各专业电力技术监督人员基本技术能力的建立，具有基础性强、覆盖面广、专业深度不足的特点，而且一般间隔时间较长，不能及时地向技术监督人员传递一些新标准的修订及变化、新技术的变革与发展、新材料的开发及应用、新问题的分析及处理等与电力技术监督工作密切相关的知识与经验。为了有效地提升人员的技术能力和管理水平，必须采取其他的培训形式作为补充，才能有效地保证技术监督工作质量。

技术标准是技术监督工作开展的基本依据，为了适应技术进步或完善相关标准条款，新标准的发布和旧标准的修订已成为一项常态工作。为了让执行标准的人员掌握标准中的各项要求，在生产经营活动中有效贯彻执行，标准的修订、主管部门经常在新标准发布后组织开展标准宣贯培训。参加新标准的宣贯培训可以使技术监督人员更准确地理解该标准规范，了解标准修订的原因，从而更好地贯彻执行标准的新规定。

专项技术培训是针对某种新技术而开展的专门性培训，培训往往具有一定的深度和前瞻性，此类培训能使技术监督人员全面而深入地了解到某种新技术的原理、优点、适用性和局限性，并能在技术监督中起到事半功倍的效果。以相控阵超声检测为例，该技术作为一项先进的无损检测技术，在国家发布正式应用标准之前，已经在多种场合以专项技术培训班的形式对从事金属技术监督的技术人员开展培训，之后在火力发电机组检修中进一步开展试验性应用，发现了大量的设备缺陷，有效地保障了电力设备的质量安全。

"网络课堂""员工讲堂""典型事故分析会"等都是开展技术监督培训重要形式，有助于技术监督人员开阔视野，丰富监督经验，吸取典型事故的教训，对提高发电企业技术监督水平颇有裨益。

第七章

技术监督档案管理

 本章要点

1. 技术监督档案管理的意义及主要内容。
2. 各专业主要技术监督档案清单。

第一节 概　　述

监督档案管理是技术监督基础管理的一项重要内容,监督档案真实描述和记载了技术监督活动及其成果,其包括了受监设备的详细技术资料、试验数据、技术监督分析报告及整改记录等。这些档案资料是为了技术监督活动的客观需要而有目的的编制而形成,具有专业性强、技术含量高和利用率高等特点,是开展技术监督各项工作的重要依据和必要条件。做好技术监督档案管理,对于完善技术监督管理体系,提高技术监督水平具有重要意义。

监督档案管理日常工作中应关注以下两点:一是做好设备档案和图纸资料的管理;图纸资料不齐全或版本不对,造成检修维护的失误屡见不鲜,经常会引起更大的设备损坏或人身伤害;做好设备档案归档、检修、技改项目的图纸资料的修改、整理,这些是做好技术监督工作的基础。二是做好日常监督数据的整理和归档,保证数据的完整性和连续性,掌握设备运行情况,方便以后判断、分析以及处理设备故障。

第二节 监督档案管理内容

技术监督是对已投入生产运行的发供电设备,为了保证其安全、经济运行而提出的一项技术管理措施。但是在设备运行阶段的技术监督工作发现的问题，有不少是源于电力建设阶段，例如由于工程设计欠妥、设备选型不当、制造质量欠佳，或是由于施工、安装、调试要求不严等，给生产带来了一系列的"后遗症"，常常需要经过相当长时间的完善，才能使设备真正达到生产的标准，有的甚至还会造成长期无法弥补的缺陷。因此，加强技术监督全过程管理是非常必要的。而要做好全过程管理，其中很重要的一个环节就是技术监督档案管理，主要可以分为基建阶段技术监督档案管理和生产阶段技术监督档案管理两个方面的内容。

基建阶段技术监督档案主要包括技术监督各项台账、档案、规程、标准、制度和技术资料、主设备出厂试验和交接试验报告、设备监造报告、基建移交技术资料等。这些档案主要涉及电站设计、选型、制造、安装、调试环节的重要信息，是后续开展各项技术监督工作的基础，基建阶段的档案管理应严格依据 DA/T 28《建设项目档案管理》的规定执行，应注意确保原始档案和技术资料的准确性、完整性。

生产阶段技术监督档案主要包括设备运行维护记录、检修记录、试验报告、事故处理记录、技术监督计划及技术监督指标定期统计报表等。这些档案是电站生产阶段运行、检修、技术改造环节的重要记录，是对各项生产活动的监控。做好生产阶段档案管理，能够确保生产过程保持"可控、在控"状态，进而能够及时发现和消除设备缺陷，保障电站安全、高效、可靠运行。生产阶段档案管理重点在于保证档案的连续性、规范性和时效性，应保证档案与设备生产过程的一致性。

技术监督档案管理应根据专业安排专人管理，由负责人建立本专业监督档案资料目录清册，并及时更新，根据监督组织机构的设置和设备的实际情况，明确档案资料的分级存放地点。同时应运用多种技术手段相结合的方式，实现档案管理的信息化。所有技术监督档案资料，在保留电子档的同时，应在档案室保留原件，各专业技术监督专责人应根据需要留存复印件。

第三节　各专业主要技术监督档案清单

一、电能质量监督

从事电能质量技术监督工作的部门和班组应具备下列技术资料：

（一）基建阶段

（1）有关的规章、规程、制度；从事电能质量监督所需的国家、行业及企业标准。

（2）涉及电网系统的规划、设计资料。

（3）设备技术台账。

（二）生产阶段

（1）电能质量指标分析报告。

（2）电能质量技术监督工作总结及相关材料。

（3）电能质量监督指标月度统计报表。

（4）电能质量监督检查报告、问题整改情况汇总表。

二、绝缘监督

从事绝缘技术监督工作的部门和班组应具备下列档案资料：

（一）基建阶段

（1）有关规章、规程、制度；从事绝缘监督所需的国家、行业及企业标准。包括但不限于以下内容。

1）绝缘监督管理标准；

2）电气设备运行规程；

3）电气设备检修规程；

4）电气设备预防性试验规程；

5）高压试验设备、仪器仪表管理制度；

6）安全工器具管理标准、设备检修管理标准；

7）设备缺陷管理标准；设备检修管理标准；

8）设备技术台账管理标准、设备异动管理标准；

9）设备停用、退役管理标准；

10）事故、事件及不符合管理标准。

（2）主设备的出厂试验及交接试验报告，制造厂提供的设备整套图纸、说明书，符合实际情况的电气设备一次系统图、防雷保护与接地网图纸。

（3）设备监造报告。

（4）设备安装验收记录、缺陷处理报告、交接试验报告、投产验收报告。

被监督设备技术台账，包括但不限于以下内容：受监督电气一次设备清册、电气设备台账。

（5）设备外绝缘台账、试验仪器仪表台账。

（二）生产阶段

（1）受监设备试验报告和记录，包括但不限于以下内容：

1）电力设备预防性试验报告；

2）绝缘油、SF_6气体试验报告；

3）特殊试验报告（事故分析试验报告、鉴定试验报告等）；

4）在线监测装置数据及分析记录。

（2）电气设备运行分析月报、日常运行日志及巡检记录。

（3）设备异常运行记录。

1）发电机特殊、异常运行记录（调峰运行、短时过负荷、不对称运行等）；

2）变压器异常运行记录（超温、气体继电器动作、出口短路、严重过电流等）；

3）断路器异常运行记录（短路跳闸、过负荷跳闸等）。

（4）设备检修报告及相关记录。

1）检修文件包（检修工艺卡）记录；

2）检修报告、变压器油处理及加油记录；

3）SF_6气体补气记录、日常设备维修记录；

4）电气设备检修分析季（月）报。

（5）电气设备绝缘缺陷及缺陷处理明细表。

（6）绝缘事故分析报告和设备非计划停运、障碍、事故统计记录。

（7）技术改造报告和记录：可行性研究报告、技术方案和措施、质量监督和验收报告、竣工总结和后评估报告。

（8）绝缘监督管理相关文件，包括但不限于以下内容：

1）绝缘技术监督年度工作计划和总结；

2）绝缘技术监督季报、速报；

3）绝缘技术监督预警通知单和验收单；

4）绝缘技术监督会议纪要；

5）绝缘技术监督工作自我评价报告和外部检查评价报告；

6）绝缘技术监督人员技术档案、上岗考试成绩和证书；

7）与设备质量有关的重要工作来往文件。

三、电测监督

从事电测技术监督工作的部门和班组应具备下列技术资料：

（一）基建阶段

（1）从事电测监督所需的国家、行业及企业标准，包括：

1）电测监督管理标准；

2）计量监督管理标准；

3）设备检修管理标准；

4）设备缺陷管理标准；

5）设备技术台账管理标准；

6）设备异动管理标准，设备停用、退役管理标准；

7）关口电能计量装置管理规定；

8）交流采样测量装置管理规定（如果适用）；

9）仪器仪表送检及周期检定管理规定；

10）仪器仪表委托检定管理规定。

（2）计量标准技术档案包括计量标准合格证书（不过期）、社会公用计量标准证书、国家计量器具检定系统表、贸易结算用电能计量装置检定报告。

（3）计量标准技术报告包括计量标准稳定度考核记录、计量标准测量重复性考核记录、计量标准有效期检定证书、计量标准履历书、计量标准操作程序、计量检定规程（现行）、计量标准使用说明书、计量标准更换申报表、计量标准考核（复审）申请书。

（4）全厂或供电网络的电测量仪表一次系统配置图和二次接线。

（5）发供电企业按电力生产实际流程表示的电测计量网络图。

（6）电测监督相关设备台账，包括：

1）电测仪器仪表及贸易结算用电能计量装置设备台账（名称、型号、规格、安装位置、准确度等级、编号、厂家、检定时间、检定周期等）；

2）贸易结算用电能计量装置历次误差测试数据统计台账（安装位置、准确度等级、误差、测试时间）。

（7）电测仪器、仪表送检计划及电测仪表周检计划。

（8）电测仪器仪表厂家技术资料、图纸、说明书及出厂试验报告。

（9）设备监造报告、安装验收记录、缺陷处理报告、调试试验报告、投产验收报告。

（二）生产阶段

（1）受监仪表、仪器、装置的有效期内的检定证书。

（2）受监设备月度缺陷分析。

（3）设备非计划停运、障碍、事故统计记录，事故分析报告。

（4）重要仪表、仪器、装置检修维护记录。

（5）检修质量抽检记录。

（6）电测仪器仪表检验率、调前合格率统计记录。

（7）电测计量人员档案。

（8）电测监督相关检测及测试报告，包括：

1）关口电能表检定报告和现场检验报告；

2）计量用电压、电流互感器误差测试报告；

3）计量用电压互感器二次回路压降测试报告；

4）电测仪表（现场安装式指示仪表、数字表、变送器、交流采样测控装置、厂用电能表、全厂试验用仪表、绝缘电阻表、钳形电流表、万用表、直流电桥、电阻箱等）检验报告（原始记录）。

（9）技术改造记录和报告：可行性研究报告，技术方案和措施，技术图纸、资料、说明书，质量监督和验收报告，完工总结报告和后评估报告。

（10）电测监督管理文件。

1）电测技术监督年度工作计划和总结；

2）电测技术监督季报、速报；

3）电测技术监督预警通知单和验收单；

4）电测技术监督会议纪要；

5）电测技术监督工作自我评价报告和外部检查评价报告；

6）电测技术监督人员技术档案、上岗考试成绩和证书；

7）与电测设备质量有关的重要工作来往文件。

四、继电保护监督

从事继电保护技术监督工作的部门和班组应具备下列技术资料：

（一）基建阶段

（1）从事继电保护监督所需的国家、行业及企业标准，包括但不限于以下内容：

1）继电保护及安全自动装置检验管理规定；

2）继电保护及安全自动装置定值管理规定；

3）计算机保护软件管理规定、继电保护装置投退管理规定；

4）继电保护反事故措施管理规定；

5）继电保护图纸管理规定、故障录波装置管理规定；

6）继电保护及安全自动装置巡回检查管理规定；

7）继电保护及安全自动装置现场保安工作管理规定；

8）继电保护试验仪器、仪表管理规定；

9）设备巡回检查管理标准、设备检修管理标准；

10）设备缺陷管理标准；

11）设备点检定修管理标准；

12）设备评级管理标准；

13）设备异动管理标准。

（2）竣工原理图、安装图、设计说明、电缆清册等设计资料。

（3）制造厂商提供的装置说明书、保护柜（屏）原理图、合格证明和出厂试验报告、保护装置调试大纲等技术资料。

（4）继电保护及安全自动装置新安装检验报告（调试报告）。

（5）蓄电池厂家产品使用说明书、产品合格证明书以及充、放电试验报告；充电装置、绝缘监察装置、微机型监控装置的厂家产品使用说明书、电气原理图和接线图、产品合格证明书以及验收检验报告等。

（二）生产阶段

（1）设备清册及台账，包括：

1）继电保护装置清册及台账，包括线路（含电缆）保护、母线保护、变压器保护、发电机（发电机–变压器组）保护、并联电抗器保护、断路器保护、短引线保护、过电压及远方跳闸保护、电动机保护、其他保护等；

2）安全自动装置清册及台账，包括同期装置、厂用电源快速切换装置、备用电源自动投入装置、安全稳定控制装置、电力系统同步相量测量装置、继电保护及故障信息管理系统子站等；

3）故障录波及测距装置清册及台账；

4）电力系统时间同步系统台账；

5）直流电源系统清册及台账等。

（2）受监设备运行报告及记录，包括但不限于以下内容：

1）继电保护及安全自动装置动作记录表；

2）继电保护及安全自动装置缺陷及故障记录表；

3）故障录波装置启动记录表；

4）继电保护整定计算报告；

5）继电保护定值通知单；

6）装置打印的定值清单。

（3）仪器仪表和测试设备的技术档案和定期校验记录，包括但不限于以下内容：

1）继电保护及安全自动装置定期检验报告；

2）蓄电池组、充电装置绝缘监察装置、微机型监控装置等的定期试验报告；

3）继电保护试验仪器、仪表定期校准报告。

（4）检修维护报告及记录，包括但不限于以下内容：

1）检修质量控制质量检验点验收记录；

2）检修文件包（继电保护现场检验作业指导书）；

3）检修记录及竣工资料；

4）检修总结；

5）设备检修记录和异动记录。

（4）事故管理及记录：设备事故、一类障碍统计记录，继电保护动作分析报告。

（5）技术改造报告及记录：可行性研究报告，技术方案和措施，技术图纸、资料、说明书，质量监督和验收报告，完工总结报告和后评估报告。

（6）继保监督管理文件。

1）继电保护监督年度工作计划和总结；

2）继电保护监督季报、速报；

3）继电保护监督预警通知单和验收单；

4）继电保护监督会议纪要；

5）继电保护监督工作自我评价报告和外部检查评价报告；

6）继电保护监督人员档案、上岗证书；

7）岗位技术培训计划、记录和总结；

8）与继电保护装置以及监督工作有关重要来往文件。

五、励磁技术监督

从事励磁技术监督工作的部门和班组应具备下列技术资料：

（一）基建阶段

（1）机组运行规程；

（2）机组检修规程；

（3）安全生产考核管理标准；

（4）综合档案管理标准；

（5）更新改造项目管理标准；

（6）设备检修管理标准；

（7）设备异动管理标准；

（8）文件控制管理标准；

（9）励磁调节装置的原理说明书；

（10）励磁系统控制逻辑图、程序框图、分柜图及元件参数表；

（11）励磁系统传递函数总框图及参数说明；

（12）发电机、励磁机、励磁变压器、碳刷、互感器、励磁装置等使用维护说明书和用户手册等；

（13）励磁系统设备出厂检验报告、合格证书；

（14）励磁系统主要元器件选型说明、计算书；

（15）主设备厂家提供的设备运行限制曲线；

（16）受监励磁设备台账。

（二）生产阶段

（1）受监设备试验记录及报告，包括：

1）励磁装置试验报告（含交接试验报告和定期检验报告）；

2）励磁变压器试验报告（含交接试验报告和预防性试验报告）；

3）发电机进相试验报告；

4）励磁系统建模及参数辨识试验报告；

5）电力系统稳定器试验报告；

6）励磁设备管理台账。

（2）受监设备缺陷及故障情况记录，包括：

1）日常设备维修（缺陷）记录和异动记录；

2）月度缺陷分析。

（3）事故管理报告及记录，包括：

1）设备非计划停运、障碍、事故统计记录；

2）事故分析报告。

（4）技术改造报告及记录：可行性研究报告，技术方案和措施，技术图纸、资料、说明书，质量监督和验收报告，完工总结报告和后评估报告。

（5）技术监督管理文件。

1）励磁技术监督年度工作计划和总结；

2）励磁技术监督季报、速报，励磁技术监督预警通知单和验收单；

3）励磁技术监督会议纪要；

4）励磁技术监督工作自查报告和外部检查评价报告；

5）励磁技术监督人员技术档案、上岗考试证书；

6）与励磁设备质量有关的重要工作来往文件。

六、金属监督

从事金属技术监督工作的部门和班组应具备下列技术资料：

（一）基建阶段

（1）有关的规章、规程、制度；从事金属监督所需的国家、行业及企业标准。

（2）施工所依据的受监督部件范围内的全套管道系统图与布置图，以上设计图纸如在施工中有修改，应在原图上按实际情况更正。

（3）受监督部件的出厂技术证件和现场检验资料。

（4）注明蠕变测点、监视段、焊口、支吊架、三通、阀门等位置的主蒸汽（再热蒸汽）及给水母管系统立体布置图并注明尺寸。

（5）注明管道蠕变测点及支吊装置位置的图纸和管道冷紧记录。

（6）受监金属部件的用钢资料。

（二）生产阶段

（1）年度金属监督工作计划和机组检修计划。

（2）机组检修工作总结、事故分析、金属监督测试项目试验报告和综合性鉴定报告等重要技术报告。

（3）属于金属监督范围内的管道代用材料的详细记录。

（4）管道系统合金部件和合金紧固件的光谱检验记录。

（5）安装中与金属监督有关的设备缺陷处理情况（包括处理措施及检验报告）。

（6）机组超参数运行时间、启停次数和累计时间资料。

（7）主蒸汽管道、高温再热蒸汽管道等蠕变监督及支吊架检查档案。

（8）受热面监视段检查、切割及试验资料。

（9）承压部件泄漏资料，包括泄漏记录、原因分析、处理措施、报表等。

（10）高温紧固件试验、检查、更换档案。

（11）事故分析、反事故措施、缺陷处理及异常情况档案。

（12）焊接监督档案，包括重要部件的焊接工艺及工艺评定资料。

（13）重要转动部件检验及处理档案。

（14）大型铸件检验及处理档案。

（15）缺陷复查档案。

（16）金属监督指标月度统计报表。

（17）金属监督检查报告、问题整改情况汇总表。

七、化学监督

从事化学技术监督工作的部门和班组应具备下列技术资料：

（一）基建阶段

（1）有关的规章、规程、制度，从事化学监督所需的国家、行业及企业标准。

（2）全厂各台机组的水汽系统图，包括取样点、加药点和排污点。

（3）化学水处理设备系统图及电源系统图。

（4）凝结水处理系统图与控制电源系统图。

（5）给水及锅水加药系统图与电源控制系统。

（6）炉内水汽分离装置布置图及锅炉纵剖面示意图。

（7）锅炉定期排污及连续排污系统图。

（8）水内冷发电机冷却水系统图。

（9）循环水处理系统图与电源系统图。

（10）化学废水处理系统图。

（11）制氢设备、用氢设备系统图及电源系统图。

（12）汽轮机油系统图。

（13）抗燃油系统图。

（14）变压器和主要用油、气开关的名称、容量、电压、油量、油种等图表。

（15）燃料及灰取样点布置图，包括煤粉、飞灰、灰渣。

（二）生产阶段

（1）水、汽、油、燃料、垢及腐蚀产物、沉积量、化学药品分析记录，热力系统水汽质量定期查定记录及有关试验数据与报告。

（2）热力设备、水处理设备台账、调整试验记录与总结、检修检查记录及总结。

（3）热力设备的化学清洗和停（备）用防锈蚀记录及总结。

（4）各用油设备的台账、新油验收记录及检修检查记录。

（5）各种化学药品及材料的验收分析报告。

（6）化学仪器及在线化学仪表的台账及检修、校验记录。

（7）凝汽器的泄漏记录和处理结果（应含泄漏时堵管的具体位置、堵管数量）的报告。

（8）凝汽器管腐蚀、结垢换管后的记录、图表。

（9）化学监督的各种报表，包括水汽质量、油质、燃料、仪表；年度报表及总结。

（10）炉内、炉外水处理药品用量、树脂补充量、补水量、补油量等经济指标的统计分析记录。

（11）贵重仪器使用异常记录。

（12）各监测分析项目的原始记录、分析数据台账。

（13）水汽质量月统计。

（14）运行中水处理主要设备故障及处理情况。

（15）运行机组化学监督中发现的异常以及分析数据、持续时间及采取的措施，检修机组检查时发现的异常情况，与化学监督有关的事故分析报告及防止措施。

（16）在线化学仪表投入率、准确率报表。

（17）高压以上机组冷态启动水汽监督统计。

（18）油质合格率及油耗情况半年、全年统计。

（19）SF_6 运行设备的监督检测。

（20）油及 SF_6 监督发现异常情况的分析数据、持续时间及采取的措施。

（21）电气设备色谱分析数据异常需做样品校核时的设备情况及分析数据。

（22）220kV 及以上变压器和异常充油电气设备油质检验表。

（23）入厂入炉煤质月报、年报表。

（24）燃料监督中异常情况及时报告分析数据、持续时间、采取的措施。

（25）热力设备检修检查报告。

（26）热力设备化学清洗措施及清洗工作总结。

（27）水处理设备及热力设备调整试验情况总结。

（28）化学监督工作年度总结。

（29）化学监督指标月度统计报表。

（30）化学监督检查报告、问题整改情况汇总表。

八、热工监督

从事热工技术监督工作的部门和班组应具备下列技术资料：

（一）基建阶段

（1）有关的规章、规程、制度，从事热工监督所需的国家、行业及企业标准。

（2）热控系统及热工设备的清册、台账、出厂说明书以及校验调整与试验记录。

（3）标准仪器仪表设备清册、台账、出厂说明书以及校验调整与试验记录。

（4）各机组及系统的热控系统及热工设备实际系统图、原理图和接线图，电缆、管道清册。

（5）热控系统及热工设备常用部件加工图。

（6）流量测量装置（孔板、喷嘴等）的设计计算原始资料。

（7）设备升定级资料。

（8）设备异动资料。

（9）热工仪表管路伴热系统图。

（10）热工联锁保护定值清册。

（11）分散控制系统组态图。

（二）生产期设备清册及设备台账

（1）热工设备清册。

（2）主要热控系统［分散控制系统（DCS）、汽轮机数字电液控制系统（DEH）、汽轮机监视系统（TSI）等］台账。

（3）主要热工设备（变送器、执行机构等）台账。

（4）热工计量标准仪器仪表清册。

（5）主辅机保护与报警定值清单。

（6）试验报告和记录。

（7）各系统调试报告。

（8）一次调频试验报告。

（9）自动发电控制系统（AGC）试验报告。

（10）RB 试验报告。

（11）其他相关试验报告。

（三）日常维护记录

（1）热工设备日常巡检记录。

（2）热工保护系统投退记录。

（3）热工自动调节系统扰动试验记录。

（4）热工定期工作（试验）执行情况记录。

（5）DCS 逻辑组态强制、修改记录。

（6）热控系统软件和应用软件备份记录。

（7）热工计量试验用标准仪器仪表检定记录。

（8）热工专业培训记录。

（9）热工专业反事故措施。

（10）与热工监督有关的事故（异常）分析报告。

（11）待处理缺陷的措施和及时处理记录。

（12）事故管理报告和记录。

（四）检修维护报告和记录

（1）检修质量控制质量检验点验收记录。

（2）检修文件包。

（3）热控系统传动试验记录。

（4）检修记录及竣工资料。

（5）检修总结。

（6）日常设备维修记录。

（7）缺陷闭环管理记录。

（五）监督管理文件

（1）与热工监督有关的国家法律、法规及国家、行业、集团公司标准、规范、规程、制度。

（2）火力发电厂热工监督标准、规定、措施等。

（3）热工技术监督年度工作计划和总结。

（4）热工技术监督季报、速报。

（5）热工技术监督预警通知单和验收单。

（6）热工技术监督会议纪要。

（7）热工技术监督工作自我评价报告和外部检查评价报告。

（8）热工技术监督人员技术档案、上岗考试成绩和证书。

（9）热工计量人员资质证书、热工计量试验室标准装置定期校验报告。

（10）与热工设备质量有关的重要工作来往文件。

九、节能监督

从事节能技术监督工作的部门和班组应具备下列技术资料：

（一）基建阶段

（1）有关的规章、规程、制度，从事节能监督所需的国家、行业及企业标准，包括但不限于以下内容：

1）节能技术监督实施细则（包括执行标准、工作要求）；

2）节能监督考核制度；

3）能源计量管理制度；

4）非生产用能管理制度；

5）节油节水管理制度；

6）节能试验管理制度（含定期化验）；

7）节能培训管理制度；

8）发电厂统计管理制度；

9）经济指标计算办法及管理制度；

10）设备检修管理标准；

11）运行管理标准；

12）燃料管理标准。

（2）锅炉及汽轮机主、辅机原始设备资料，包括以下内容：

1）汽轮机热力特性书（含修正曲线）；

2）凝汽器设计使用说明书（湿冷、空冷）；

3）高压、低压加热器设计说明书；

4）主要水泵（给水泵、凝结水泵、循环水泵等）设计使用说明书（含性能曲线）；

5）冷却水塔设计说明书；

6）锅炉设计说明书、使用说明书、热力计算书，空气预热器设计、使用说明书；

7）磨煤机设计使用说明书；

8）主要风机（送风机、引风机、一次风机、增压风机等）设计使用说明书（含性能曲线）；

9）设计阶段的节能评估报告、节能专题报告、调试报告、投产验收报告；

10）全厂各专业系统图。

（二）生产阶段

（1）企业节能规划、年度计划、措施落实情况资料。

（2）企业节能分析、节能总结资料。

（3）节能指标台账、统计报表。

（4）相关试验、测试及化验报告，包括：

1）主、辅机（锅炉、汽轮机、磨煤机、风机、泵、凝汽器等）性能考核试验报告（含机组发、供电煤耗测试）；

2）历次检修前后汽轮机、锅炉性能试验报告；

3）A级检修前后主要水泵、主要风机的效率试验报告；

4）锅炉A、B级检修后风量标定、一次风量调平、空气预热器入口氧量场标定、排烟温度场标定等试验报告；

5）机组检修前、后保温效果测试报告；

6）机组优化运行试验报告，包括汽轮机定滑压试验、冷端优化运行试验、锅炉配煤掺烧试验、锅炉燃烧调整试验、制粉系统优化试验、脱硫/脱硝/除尘系统优化运行试验等；

7）机组投产或重大改造后锅炉冷态试验报告，包括煤粉炉冷态空气动力场试验、循环流化床锅炉冷态试验；

8）主、辅设备技术改造前后性能对比试验报告，如汽轮机通流改造前后试验、锅炉受热面改造前后试验、风机改造前后试验、水泵改造前后试验等；

9）全厂能量平衡测试报告，包括全厂燃料、汽水、电量、热量等能量平衡测试（每五年或新机组投产）；

10）定期试验（测试）报告，包括真空严密性（每月）、月度水塔性能测试、空气预热器漏风率测试（每季）等；

11）定期化验报告，包括入厂煤和入炉煤煤质（每班）、煤粉细度（每月）、飞灰（每班）、炉渣（每周）、石子煤（每季或排放异常时）等项目。

（5）能量计量管理相关技术资料，包括：

1）能源计量器具一览表、燃料计量点图（包括燃煤、燃气、燃油计量网络图）、电能计量点图、热计量点图、水计量点图；

2）能源计量器具检定、检验、校验计划；

3）能源计量器具检定、检验、校验报告（记录），包括汽车衡、轨道衡、皮带秤等入厂煤计量装置，入炉煤皮带、入炉煤给煤机、入炉油计量装置，入厂/入炉煤采、制样装置及化验仪器设备，关口、发电机出口、主变压器二次侧、高低压厂用变压器、非生产用电等电能计量表，对外供热、厂用供热、非生产用热等热计量表计，向厂内供水、对外供水、化学用水、锅炉补水、非生产用水等水计量总表，锅炉氧量计、一氧化碳浓度测量装置等项目；

4）入厂煤/入炉煤机械采样装置投入记录。

（6）节能监督管理相关资料，包括但不限于以下内容：

1）节能监督工作计划。包括电厂中长期节能规划、年度节能监督工作计划、机组检修节能监督项目计划、主要节能技术改造项目计划及其可研报告、节能培训规划和计划；

2）节能技术监督报表。包括运行月报，生产月报，月度节能考核资料，小指标竞赛评分表及奖惩资料，月度燃料盘点报告（含煤、油），集团公司、地方政府的月、季、年度报送报告；

3）节能监督工作总结。包括节能中长期规划实施情况总结，主要节能技术改造项目改造效果评价报告，机组检修节能监督总结，半年/年度节能监督总结（含节电、节油、节水工作），节能培训记录、宣传活动材料；

4）月度节能分析。月度节能分析会会议纪要；

5）能源审计报告；

6）耗能设备节能台账，包括主、辅设备设计，历次试验性能参数统计；

7）泄漏阀门台账；

8）技术监督检查资料。包括迎检资料及动态检查自查报告、历年集团技术监督动态检查报告及整改计划书、历年技术监督预警通知单和验收单、集团公司技术监督动态检查提出问题整改完成（闭环）情况报告；

9）节能监督网络人员档案、节能监督专责人员上岗考试成绩和证书、能源管理师证书、能源计量管理资质证书。

十、环境保护监督

从事环境保护技术监督工作的部门和班组应具备下列技术资料：

（一）基建阶段

（1）环境保护设施运行、维护和检修操作规程，从事环境保护监督所需的国家、行业及企业标准，包括：

    1）环境保护监督技术标准；

    2）环境保护监督管理标准；

    3）粉煤灰治理管理标准；

    4）废弃物管理标准；

    5）脱硫副产品治理管理标准；

    6）环境污染事故应急预案；

    7）各类环境保护设备运行规程、检修规程、系统图。

（2）整套设计和制造图纸、说明书、出厂试验报告。

（3）安装竣工图纸。

（4）设计修改文件。

（5）设备监造报告、安装验收记录、缺陷处理报告、调试试验报告、投产验收报告。

（6）各类设备台账。包括除尘系统设备台账、脱硫系统设备台账、脱硝系统设备台账、废水处理系统设备台账、烟气排放连续监测系统设备台账、各类环境保护监测仪器、仪表台账、储灰场及储煤场防尘抑尘设施设备台账、防止或减少噪声设施设备台账、工频电场和磁场屏蔽设施设备台账。

（二）生产阶段

（1）运行报告及记录。包括月度运行分析和总结报告、运行日志、交接班记录、与环保监督有关的事故（异常）分析报告、待处理缺陷的措施和及时处理记录。

（2）检修维护报告及记录。包括检修质量控制质量检验点验收记录、检修文件包、检修记录及竣工资料、检修总结、日常设备维修（缺陷）记录和异动记录。

（3）事故管理报告及记录。包括设备非计划停运、障碍、事故统计记录，事故分析报告。

（4）技术改造报告及记录。包括可行性研究报告，技术方案和措施，技术图纸、资料、说明书，质量监督和验收报告、完工总结报告和后评估报告。

（5）技术监督管理文件，包括：

    1）环境保护监督人员技术交流及培训记录；

    2）环境保护监测仪器汇总表及操作规程；

    3）各类环境保护监测仪器、仪表的台账，检定周期计划及记录；

    4）各类环境保护设施设备台账、运行规程、检修规程及考核与管理制度；

    5）环境保护监督网络成员名单（环境保护监督机构网络图）及上岗资格证书；

    6）环境保护监督网络活动记录。包括各类环境保护设施运行记录、检修记录；

    7）各类污染物排放监测数据及各类环境保护设施性能试验报告及技术改造总结；

    8）各类环境保护报表（包括季报、速报等）及上报环境保护部门资料；

    9）环境保护技术监督年度计划及年终总结报告；

10）环境保护设备设计、制造、安装、调试过程的相关资料；

11）火力发电建设项目环境影响评价大纲和环评报告等；

12）火力发电建设项目环保设施竣工验收资料；

13）火力发电建设项目水土保持报告书及验收资料等；

14）燃煤硫分、灰分、石灰石及石膏等的分析报告；

15）主要环保设施（除尘器、脱硫设备、脱硝设备）效率及投运率统计；

16）环境保护监督预警通知单和验收单；

17）环境保护监督工作自我评价报告和外部检查评价报告；

18）环境保护部门颁发的排污许可证；

19）国家、行业、地方、集团公司关于环保工作的法规、标准、规范、规程及制度；

20）环境保护核查汇报资料及检查结果。

十一、汽轮机监督

从事汽轮机技术监督工作的部门和班组应具备下列技术资料：

（一）汽轮机及主要设备技术规范

（1）整套设计和制造图纸、说明书、出厂试验报告。

（2）安装竣工图纸。

（3）设计修改文件。

（4）设备监造报告、安装验收记录、缺陷处理报告、调试试验报告、投产验收报告。

（二）设备清册及设备台账

（1）汽轮机及辅助设备清册。

（2）汽轮机及辅助设备台账。

（三）试验报告和记录

（1）汽轮机及辅助设备性能考核试验报告。

（2）汽轮机超速试验报告。

（3）汽门严密性试验报告。

（4）汽门关闭时间试验报告。

（5）快切（FCB）试验报告。

（6）滑压运行及调节汽门优化试验报告。

（7）冷端优化运行试验报告。

（8）真空严密性试验报告。

（9）其他相关试验报告。

（四）运行报告和记录

（1）月度运行分析和总结报告。

（2）经济性分析和节能对标报告。

（3）设备定期轮换记录。

（4）定期试验执行情况记录，包括：

1）运行日志；

2）交接班记录；

3）启停机过程的记录分析和总结；

4）培训记录；

5）汽轮机专业反事故措施；

6）与汽轮机监督有关的事故（异常）分析报告；

7）待处理缺陷的措施和及时处理记录。

（五）检修维护报告和记录

（1）检修质量控制质量检验点验收记录。

（2）检修文件包。

（3）检修记录及竣工资料。

（4）检修总结。

（5）日常设备维修（缺陷）记录和异动记录。

（6）缺陷闭环管理记录。

（7）月度缺陷分析。

（六）事故管理报告和记录

（1）设备非计划停运、障碍、事故统计记录。

（2）事故分析报告。

（七）技术改造报告和记录

（1）可行性研究报告。

（2）技术方案和措施。

（3）技术图纸、资料、说用书。

（4）质量监督和验收报告。

（5）完工总结报告和后评价报告。

（八）监督管理文件

（1）与汽轮机监督有关的国家法律、法规及国家、行业、集团公司标准、规范、规定、制度。

（2）厂级汽轮机监督标准、规定、措施等。

（3）汽轮机技术监督年度工作计划和总练。

（4）汽轮机技术监督季报、速报。

（5）汽轮机技术监督预警通知单和验收单。

（6）汽轮机技术监督会议纪要。

（7）汽轮机技术监督工作自我评价报告和外部检查报告。

（8）汽轮机技术监督人员技术档案、上岗考试成绩和证书。

（9）与汽轮机设备质量有关的重要工作来往文件。

十二、锅炉监督

从事锅炉技术监督工作的部门和班组应具备下列技术资料：

（一）基建阶段

（1）有关的规章、规程、制度，从事锅炉监督所需的国家、行业及企业标准，包括但不限于以下内容：

1）锅炉技术监督实施细则（包括执行标准、工作要求）；

2）锅炉运行规程、检修规程、系统图；燃料管理标准；

3）燃料（输煤）、除灰运行规程、检修规程；

4）设备定期试验与轮换管理标准；

5）设备巡回检查管理标准；

6）设备检修管理标准；

7）设备缺陷管理标准；

8）设备点检定修管理标准；

9）设备评级管理标准；

10）防磨防爆管理标准；

11）设备技术台账管理标准；

12）设备异动管理标准；

13）设备停用、退役管理标准。

（2）锅炉及主要设备技术规范、使用维护说明书。

（3）锅炉热力计算书、设计使用说明书、安装说明书、燃烧系统说明书。

（4）整套设计和制造图纸、出厂试验报告。

（5）安装竣工图纸。

（6）设计修改文件。

（7）设备监造报告、安装验收记录、缺陷处理报告、调试试验报告、投产验收报告。

（8）锅炉及辅助设备清册、锅炉及辅助设备台账。

（二）生产阶段

（1）试验报告及相关记录，包括但不限于以下内容：

1）锅炉及辅机性能考核试验报告；

2）锅炉机组优化运行试验报告（含锅炉配煤掺烧试验、锅炉燃烧调整试验、制粉统优化试验、脱硫/脱硝系统优化运行试验报告等）；

3）除尘器冷态试验报告；

4）煤粉锅炉冷态空气动力场试验报告；

5）循环流化床锅炉布风板阻力试验、平料试验报告；

6）定期试验记录。包括燃油速断阀试验、锅炉空气预热器漏风率试验（每季）、保温测试（检修前）等；

7）定期校验记录。包括氧量计、一氧化碳测量装置、风量测量装置等定期校验等；

8）定期化验报告。包括煤质、煤粉细度、飞灰、炉渣、石子煤热值等取样、化验报告；

9）汽包水位定期校对记录；

10）割管取样检测报告、爆管分析报告；

11）超温记录台账；

12）爆漏事故记录台账；

13）转动机械振动测试记录。

（2）运行报告及相关记录，包括但不限于：

1）月度运行分析和总结报告；

2）设备定期轮换记录；

3）运行日志；

4）启停炉过程的记录分析和总结；

5）锅炉技术监督年度培训计划、培训记录；

6）锅炉专业反事故措施；

7）与锅炉监督有关的事故（异常）分析报告；

8）待处理缺陷的措施和及时处理记录；

9）年度监督计划、锅炉监督工作总结；

10）锅炉监督会议记录和文件。

（3）检修维护报告及相关记录。包括检修质量控制质量检验点验收记录、检修文件包、检修记录及竣工资料、检修总结、日常设备维修（缺陷）记录和异动记录。

（4）设备非计划停运、障碍、事故统计记录，事故分析报告。

（5）技术改造报告及记录。包括可行性研究报告，技术方案和措施，技术图纸、资料、说明书，质量监督和验收报告，完工总结报告和后评估报告。

（6）技术监督管理文件，包括：

1）锅炉技术监督年度工作计划和总结；

2）锅炉技术监督季报、速报；

3）锅炉技术监督预警通知单和验收单；

4）锅炉技术监督会议纪要；

5）锅炉技术监督工作自我评价报告和外部检查评价报告；

6）锅炉技术监督人员技术档案、上岗考试成绩和证书；

7）与锅炉设备质量有关的重要工作来往文件。

十三、风轮机监督

从事风轮机监督工作的部门和班组应具备下列技术资料：

（一）基建阶段

（1）有关的规章、规程、制度，从事风轮机及风电场基础监督所需的国家、行业及企业标准。

（2）设备技术规范和运行操作说明书、出厂试验记录以及有关图纸和系统图。

（3）风电场功率预测系统技术资料、风电场功率预测上报记录。

（4）风轮机安装记录、现场调试记录和验收记录以及竣工图纸和资料。

（5）风电机组出厂时的设计输出功率与风速关系曲线图。

（二）生产阶段

（1）专业及部门例会会议纪要及培训记录。

（2）专业设备分析评估报告。

（3）仪器校验报告、外委单位试验仪器校验证书复印件。

（4）检修、技术改造、事故等重要技术监督活动的专业总结报告。

（5）运维记录、电气设备定期运行分析报告和定期维护分析报告。

（6）重大技术监督指标异常，设备重大缺陷、故障和损坏事件，火灾事故等重大事件的专项总结文件、监控措施和应急预案。

（7）风电机组基础沉降观测记录。

（8）风轮系统、变桨系统、偏航系统、主轴及轴承、齿轮箱、发电机、变流器的设备台账、运行记录、缺陷记录、巡视记录和定检记录。

（9）电压穿越能力、电压和无功调节能力、有功功率控制能力相关技术资料、测试报告及运行记录。

（10）技术监督年度工作计划和检修计划，与工作计划相关的试验报告。

（11）风轮机及风电场基础监督指标月度统计报表。

（12）风轮机及风电场基础监督检查报告、问题整改情况汇总表。

十四、建（构）筑物监督

从事建（构）筑物监督的班组应具备下列技术资料：

（一）基建阶段技术资料

（1）生产建（构）筑物台账。

（2）检修（维护）报告与记录。

（3）缺陷处理记录。

（4）事故管理报告和记录。

（5）监测记录文件。

（二）监督管理文件

（1）与生产建（构）筑物监督有关的国家法律、法规及国家、行业、集团公司标准、规范、规程、制度。

（2）电站制定的生产建（构）筑物监督标准、规程、规定、措施等。

（3）年度生产建（构）筑物监督工作计划和总结。

（4）外部检查评价报告。

（5）岗位技术培训计划、记录和总结。

（6）生产建（构）筑物监督月报、速报等。

十五、光伏组件及逆变器监督

从事光伏组件及逆变器技术监督工作的部门和班组应具备下列技术资料：

（一）基建阶段

（1）有关的规章、规程、制度，从事光伏组件及逆变器监督所需的国家、行业及企业标准。

（2）光伏组件、汇流箱、逆变器设备及其备件的设备说明书、设计图纸、试验报告、调试报告和质检相关资料，电站设计图纸，安装交接试验记录等。

（3）光伏电站功率预测系统技术资料、光功率预测上报记录。

（4）光伏组件、汇流箱、逆变器设备及其备件的保管台账及出入库记录。

（二）生产阶段

（1）专业及部门例会会议纪要及培训记录。

（2）专业设备分析评估报告。

（3）仪器校验报告、外委单位试验仪器校验证书复印件。

（4）检修、技术改造、事故等重要技术监督活动的专业总结报告。

（5）运维记录、电气设备定期运行分析报告和定期维护分析报告。

（6）光伏组件、汇流箱、逆变器日常缺陷处理记录。

（7）光伏组件、汇流箱、逆变器定期检验项目记录。

（8）光伏电站防孤岛保护能力、电压穿越能力、电压和无功调节能力、有功功率控制能力等相关技术资料、测试报告及运行记录。

（9）重大技术监督指标异常，设备重大缺陷、故障和损坏事件，火灾事故等重大事件的专项总结文件、监控措施和应急预案。

（10）技术监督年度工作计划和检修计划，相关试验报告。

（11）光伏组件及逆变器监督指标月度统计报表。

（12）光伏组件及逆变器监督检查报告、问题整改情况汇总表。

第八章

技术监督检查与评价

 本章要点

1. 技术监督评价的类型与方式。
2. 技术监督评价的重点内容与指标。
3. 技术监督评价的整改闭环要求。

第一节 概 述

发电设备运行参数的技术监督与控制检查是保证设备安全运行和创造企业经济效益的重要手段。建立和完善技术监督检查与评价管理对发电企业有着十分重要的现实意义，通过技术监督管理能够使电力设备发挥最大效益，只有在技术监督过程中及时发现问题、解决问题，并对技术监督中一时消除不了的事故隐患发出预警、建立防范事故的"防火墙"，才能将事故"拒之门外"。

技术监督检查与评价实行全过程、动态、闭环管理，采用企业自查评和外部查评、全面查评和专项查评相结合的形式。查评工作贵在真实、重在整改，通过查评、整改、复查，形成持续改进的技术监督管理长效机制，全面系统地查找和分析存在威胁生产安全的隐患，为生产整顿和企业决策提供有力依据，同时有计划、有组织地落实整改，做到全方位、全过程控制的闭环管理，确保国家、行业及企业技术监督制度有效执行，从而夯实电力企业安全生产基础，提高设备健康水平。

通过过去几十年的摸索与实践，电力系统的技术监督水平不断提高，已积累了一套切实可行的工作方法和实施经验，建立了一套较为完整的技术监督工作体系与工作制度，形成了一整套较为科学有效的技术监督检查评价办法。

一、技术监督评价类型

（一）技术监督自评价

发电企业每年要开展技术监督自评价，自评价不仅可以发现问题，同时对于发电企业自主管理能力的提升也有很大帮助。

（二）技术监督动态检查

二级单位每年要组织对所属发电企业进行检查评价（一般抽选一定比例的发电企业开展）。集团公司每年组织内部技术监督中心（研究院），按照年度技术监督工作计划中所列的发电企业名单和时间安排开展动态检查评价。

（三）技术监督专项检查

除以上技术监督查评外，集团公司或二级单位也可根据一段时间内电力行业突出问题开展专项查评或组织系统内单位开展互查评比活动。

二、技术监督评价原则

（一）坚持计划性原则

发电企业、二级单位和集团公司要在技术监督年度工作计划中分别明确自查评计划和外部查评计划，依据集团公司查评标准，组织开展自评和外部查评工作。制定评价计划时，应首先考虑将现场问题隐患多、指标不先进的单位作为重点查评对象。

（二）技术监督自评价原则

发电企业应每年开展一次自查评，不能以外委代替或削弱自身应做的工作。自查评人员应由本单位技术监督网成员组成，查评结束后应编制自查评报告。自查评价的过程是一个自我诊断的过程，要注意实事求是地反映问题。

（三）技术监督动态检查原则

二级单位可按照每2～3年完成一次对所有发电企业的查评。查评人员应由本公司技术监督管理人员、所属技术监督中心（研究院）、相关电厂技术监督人员或外部专家组成，查评结束后应编制查评报告。

集团公司一般每5年完成一次对所有发电企业的查评。查评人员由集团公司各级电科院（研究院）技术监督人员或外部专家联合组成，每个专业1～2人，现场查评时间不少于3个有效工作日。集团公司组织对相关二级单位火电企业的查评，可替代当年相关二级单位应查评火电企业的数量。

发电企业应积极配合外部查评人员开展查评工作，安排专业人员协助并为现场查评创造条件。

第二节 检查与评价内容

一、检查与评价范围

（1）发电企业为执行主体的技术监督工作，如日常管理、定期工作等。

（2）技术监督服务单位（研究院）与发电企业签订的合同规定开展的技术监督工作。

（3）发电企业独立完成或委托有资质单位开展的与技术监督相关的技术服务工作。

二、检查评价内容

按照过程阶段，查评内容应涵盖电力建设与生产全过程，包括工程设计、设备选型、监造、安装、调试、试生产、运行、检修、技术改造、停备用等各个阶段。

按照专业分类，查评内容应包括绝缘、电测、继电保护、励磁、电能质量、热工、金属、节能、环保、化学、汽轮机等各个监督专业。

三、监督管理评价重点

（一）技术监督组织机构

发电企业应按照"管理—监督—执行"的层次建立三级技术监督网络，成立技术监督领导小组，日常工作由生产管理部门归口管理。结合实际配备必需的技术监督管理专责，明确各专业技术监督岗位分工和职责，健全班组级技术监督网络。

检查方式：检查组织机构文件，与相关人员座谈。

（二）技术监督规章制度

制定符合本企业实际情况的技术监督制度及实施细则，履行审批流程后发布实施。

检查方式：检查相关的制度、文件及企业制定的技术监督规章制度。

（三）技术监督工作计划、总结

发电企业应制定技术监督各专业指标的管控计划；制定检修、技改期间应开展的技术监督项目（包括重要试验、薄弱环节、关键技术、重点区域和隐蔽工程等）计划；制定技术监督例行工作计划、人员培训计划、仪器仪表检定计划、定期工作会议计划等；制定技术监督告警、各类评价等监督问题整改计划。

检查方式：查阅技术监督年度工作计划、专项计划、月报，查看会议纪要、报告、报表、总结等记录。

（四）技术监督自评价

企业每年要开展技术监督自评价。

检查方式：查阅自评价报告。

（五）技术监督季度例会

企业应至少每季度召开 1 次技术监督工作会议，对技术监督工作计划落实情况进行检查分析，对新发现的问题提出处理意见和防范措施等。

检查方式：查阅会议纪要等资料。

（六）设备异常分析

发生技术监督重大问题后，制定整改计划，明确工作负责人、防范措施、整改方案、完成时限。

四、专业工作评价重点

各专业评价重点的确定应遵循以下原则：影响生产安全的薄弱环节，涉及安全生产的反事故措施执行落实情况，节能减排工作的开展情况，机组检修缺项，仪表（表计、参数）定期校验及设备定期检定，定期试验工作，以及对上次监督检查中提出问题的整改落实情况。

（一）电能质量监督

升压站母线电压合格率和 AVC 系统闭环运行投入率情况；在节假日期间，是否根据网、省调度部门下发的节日期间无功电压控制预案，采取进相运行等方式，维护电网电压的稳定；AVC 装置各项性能指标（控制精度、控制延迟时间、调节速率、历史数据保存情况等）是否满足规范要求。

（二）绝缘监督

按预试规程规定开展电力设备的预试工作情况；是否对试验数据进行认真分析（既要横向比较又要纵向分析，以便及时发现问题）；是否按要求做好变压器套管油和绝缘色谱普查。

（三）继电保护监督

是否严格按规程、制度规定开展继电保护装置的校验和维护工作；是否按规程、制度、反事故措施要求完善继电保护系统；是否存在保护误动和拒动的情况发生；是否严格执行继电保护投退规定。

（四）励磁监督

励磁系统完成技术改造、机组扩容改造或机组接入方式发生重大改变后，是否及时完成涉网试验项目，是否按照相关标准规定的交接或大修试验要求完成全部空载和带负荷试验项目。

（五）金属监督

机炉外管台账的建立及检查情况；是否严格按标准要求对受监部件进行了规定周期、规定比例及规定项目的检验；是否对于存在问题和超出标准规定缺陷的部件制定了处理措施。

（六）化学监督

是否严格执行机组启动对机组汽水品质的要求，确保在线化学仪表的准确；是否严格控制汽轮机油、抗燃油的含水量和颗粒度；是否严格控制发电机内氢气品质。

（七）热工监督

分散控制系统控制功能是否正常；操作员站、工程师站、网络通信、控制机柜等控制性能是否稳定；DAS、SCS、MCS、FSSS 等控制功能是否满足对机组正常控制的各项要求；DEH 系统及 MEH 系统转速控制、负荷控制、阀门管理等控制功能是否正常；调节精度是否满足机组运行需要；ETS、FSSS 和机组级横向联锁保护是否基本稳定、全程投用；汽轮机监视仪表 TSI 装置指示是否正确，是否实现对汽轮机轴承振动、瓦振、轴向位移、差胀等重要参数的准确测量，相关保护是否稳定投入；给水泵、风机等重要辅机设备的联锁保护是否投用正常。

（八）环保监督

主要环保设施如烟气脱硫设备、烟气脱硝设备、除尘器、废水处理设备、噪声防治设施等环保设施是否正常投运；环保设施的处理效率是否达到设计的水平；环保设施的投运率是否符合要求；烟气污染物的烟尘、二氧化硫、氮氧化物等排放情况是否达标。

（九）汽轮机监督

汽轮机本体、调速系统、油系统、冷端系统、蒸汽系统及其设备工作情况；主辅机振动情况；汽轮机主要保护是否齐全及保护投入情况。

第三节　评价问题整改与闭环

一、整改与闭环流程

（1）发电企业自查评结束后，要组织召开总结通报会，对各专业查评中发现的问题，要制定整改措施并加快落实。

（2）二级单位查评结束后，要组织所属电科院（研究院）和发电企业召开总结通报会，对各发电企业查评中发现的问题，要组织落实整改，实现闭环管理。

（3）集团公司查评结束后，查评组要将查评报告报归口管理部门和各二级单位，同时发送至被查评发电企业。

（4）发电企业收到二级单位和集团公司组织的技术监督查评报告后，应及时制定整改计划，确保按期完成整改。

（5）在自查评和查评过程中发现的技术监督重大问题，要纳入技术监督重大问题整改管控范围。按照有关要求，发电企业报送告警报告单，二级单位和集团公司查评组签发告警通知单，发电企业整改完成后报送告警整改验收单。

二、定期报告制度

（1）在自查评和查评过程中发现的技术监督重大问题，发电企业整改完成后要向告警提出单位报送告警整改验收单，由告警提出单位验收后抄报集团公司。

（2）二级单位和基层监督单位应加强对火电企业技术监督重大问题整改落实情况的督促检查和跟踪，组织复查评估工作，保证问题整改落实到位。集团公司不定期组织对发电企业技术监督重大问题整改落实情况和二级单位督办情况的抽查工作。

（3）集团公司定期对技术监督检查评价工作的开展、整改等情况进行总结，每年公布技术监督检查评价结果。

三、考核奖惩

（1）根据检查评价结果，集团公司对二级单位和发电企业技术监督工作进行考核，二级单位和发电企业要将技术监督工作纳入本单位绩效考核体系。

（2）对存在技术监督失职或自行减少监督项目、降低监督指标标准等行为的发电企业，应给予警告或通报批评，造成严重后果的，视具体情况，追究有关领导与责任人的责任。

第九章

技术监督管理创新与信息平台建设

 本章要点

1. 技术监督信息平台的设计思路。
2. 某发电集团技术监督信息平台实践介绍。
3. 新业态下技术监督管理工作展望。

第一节 概 述

近年来，随着电力体制改革的不断深化，大机组、大电网、高参数、高度自动化水平设备的不断投用，设备技术性能、参数和状态监测的复杂性和技术难度也随之增大。同时，随着工业信息化的发展，发电企业必将加速进入信息网络时代。目前，各电力集团技术监督信息化水平参差不齐，有的企业仍然采用传统的手工方式计算报表数据，统计报表种类繁多，数据量大，传统的方法工作量大、准确率低、数据查询不便，无法满足现代化管理的需要。

一、建设背景

自 2010 年以来，国家先后发布了《关于加快推进信息化与工业化深度融合的若干意见》《国务院关于积极推进"互联网+"行动的指导意见》及《中国制造 2025》等战略决策，明确要求"以加快新一代信息技术与制造业深度融合为主线，以推进智能制造为主攻方向"，通过"三步走"实现制造强国的战略目标。如何响应和落实国家的战略思路，实施两化深度融合，打造安全高效的"智慧能源企业"，是各大集团公司争先发力的战略方向。

二、建设需求

电力集团的生产管理水平对提升企业核心竞争力至关重要，技术监督工作和"二十五项重点要求"作为保障电力企业安全生产的重要手段，是电力企业生产管理的重要组成部分，是提高电力设备可靠性和保证设备安全、经济、稳定运行的重要基础。将电力集团技术监督工作与"互联网+""大数据"有机结合，建立起一套适合新时期的技术监督创新管理体系，是能源企业转型发展，创建一流能源企业的体系保障。

第二节　技术监督管理信息系统的设计

一、基本理论

（一）信息化理论

信息化是指培育、发展以智能化工具为代表的新的生产力并使之造福于社会的历史过程。信息化建设可以使企业合理开发和有效利用信息资源，提高企业运行效率，把握机会，做出正确决策，增强企业的竞争力水平。

企业信息化的目的是为企业技术业务和管理服务的，因此，企业信息化绝不仅仅是技术问题，信息化的建设要综合考虑企业的发展规划、业务流程、组织结构和管理制度等内容。在企业的信息化建设过程中，企业的管理和运行模式是实现信息化的基础，计算机网络技术是实现企业信息化的重要手段。

信息的集成和共享是企业信息化建设的关键点，通过将关键、准确的数据及时地传输到相应的决策人的手中，为其做出相应决策提供及时、准确的数据支持。企业信息化是一个系统工程，要建立适应信息技术要求的企业生产经营活动模式，完善企业组织结构、管理制度等内容，以管理模式为依据，建立企业的总体数据库，进行信息化建设。

（二）技术监督信息化方法分析

技术监督的信息化就是要利用计算机、通信和网络等现代信息技术对技术监督相关的生产、经营、管理各个环节、层次和领域，进行广泛管理和充分开发，广泛利用电力企业内外的信息资源，逐步实现技术监督工作的全面自动化，不断提高生产、经营、管理、决策的效率和水平，进而提高企业经济效益和企业竞争力的过程。技术监督的信息化就是要实现生产过程和业务处理的信息化，管理方式的网络化和决策支持的智能化。

技术监督管理信息系统借助信息化手段，将监督管理延伸到工作一线，实现技术监督工作的全程标准化管理，把企业内部成员所积累的技术、经验，通过系统建设以数字化的方式来加以保存，将个人的经验（财富）转化为企业的财富。电厂技术监督工作涉及众多复杂的生产设备和生产技术体系，生产运行过程也比较复杂并且涉及众多相关专业，这就要求企业必须从总体目标出发，处理好各种因素间的关系。在技术监督管理工作中，采用传统的管理经验难以协调好各种因素之间的关系、难以满足复杂的生产经营运作要求，这就需要对技术监督工作按科学管理的客观需要制定出标准的工作流程、方法等，并把各种要素通过标准化活动进行有机相连，从而使电厂的生产运行处于良好的状态。

（三）企业标准化体系

企业标准化体系是企业的各类标准按其内在联系在企业标准化活动范围内形成的科学有机整体。企业标准化体系主要分为技术标准、管理标准、工作标准三大类。通过建立以技术标准为核心、管理标准为支持、工作标准为保障的标准化体系，进而推进管理流程、指标体系、操作规程的标准化，是企业实现从人治向法治、从经验型管理向标准化管理、从传统式管理向现代化管理转变的重要途径。

1. 技术标准

技术标准是对标准化领域中一定范围内需要协调统一的技术事项所制定的标准，以科学技术和实践经验的综合成果为基础，经特定机构批准并颁布，是从事生产、建设及商品流通的一种共同遵守的技术依据。技术标准是企业重要的技术支撑，是调控经济运行的重要技术手段。技术标准是衡量工业化指标的重要依据，它直接反映组织的产业技术水平和创新能力。

技术标准伴随着社会化大生产的发展而发展，是技术创新的平台，是科研、生产的经验总结，是技术成果与生产力的桥梁。企业技术标准化的情况很大程度上决定了该企业在市场竞争中的地位。

2. 管理标准

法国著作管理学家法约尔指出，管理包括计划、组织、指挥、协调、控制五大职能，人们需要行使管理的这些职能对管理对象的有序性或组织程度进行强化管理。管理标准是管理机构为行使管理职能对管理活动的范围、内容、程序、方法和目标所做的统一规定的和具有特定管理功能的标准。根据管理标准的不同作用，可以将其分为管理基础标准、技术管理标准、经济管理标准、行政管理标准、生产经营管理标准等。在企业管理中，企业管理的科学化过程实际上是不断认识企业自身特点，不断总结管理经验的过程，其实质就是企业逐步走向规范化和标准化。企业通过不断地总结管理经验，制定和修订管理标准，通过标准使这些成功的经验加以推行，通过修订这些标准使经验更加深化，促进管理水平持续不断地提高。在这个过程中对管理标准的制定和贯彻，就是管理标准化。管理标准化有利于管理经验的总结、提高、普及、继承和发展，有利于建立起协调高效的管理秩序，有利于企业走上法治化轨道。

技术监督工作的管理标准就是要明确各单位的责任和分工，实现工作流程和方式的标准化。监督管理工作包括设备管理、指标管理、试验报告管理、报表管理、技术监督网管理以及技术监督相关的图表和规程制度管理等内容。以报表管理流程为例，系统提供各种报表的填报、上报和审核功能，同时提供由技术监督各级管理人员根据本单位的实际情况编制自己的报表流程。

3．工作标准

工作标准是指为实现整个工作过程的协调，提高工作质量和工作效率，对企业标准化领域中需要协调统一的工作而制定的标准。工作不仅包括生产过程中的各项活动，还包括为生产过程服务、对生产过程进行管理的其他各项活动，其范围也不局限于企业，还可包括公共事业甚至政府机关的工作。工作标准化对企业的发展和人才培养具有重要意义，平凡的员工在优秀企业中之所以能够做出不平凡的业绩，关键原因在于优秀企业实行了工作标准化，通过实行工作标准化在优秀企业中普通的员工就可以做到在普通企业中精英才能做到的工作，工作标准化是平凡的人能够做出不平凡业绩的"支撑平台"。

以技术监督的定期工作标准为例，各发电集团都应对技术监督所涉及各专业的定期工作标准进行编制，严格规定包括设备在运行和停、备用状态的定期试验、定期轮换、定期检查与维护工作的项目、周期和标准等方面内容。

二、总体设计

（一）技术构架

技术监督管理信息系统主要负责收集发电企业运行过程中的基本参数、运行数据、缺陷数据和试验数据等信息，并在此基础上对照专业的评价标准实现对运行状态的评价；在运行出现异常时及时进行预警并提出指导意见，进行更为高级的辅助决策分析；在系统中实现对基础数据信息的抽象化处理，建立面向实时，连续数据的采集、转换、传输、存储和综合加工处理的统一技术框架，满足系统的长期可持续发展需要。系统技术架构的设计应遵循开放性、继承性、标准性、安全性、可靠性和拓展性的原则。

（二）安全架构

1．系统安全

技术监督管理信息系统在发电集团对于应用安全的有关要求合规的框架下运行，依托于现有的公司总部和发电企业的安全防护体系，充分利用现有软、硬件资源。基于总体安全防护策略，信息安全防护体系分为安全管理体系和安全技术体系。在系统建设过程中制定有关的安全管理制度、规范，并配以安全培训等管理措施，建设安全管理体系。

2．应用安全

系统的应用安全问题往往由不规范化操作、非法使用、信息泄露、信息篡改、信息抵赖等情况引起。为了保障系统的应用安全，在应用中对其进行分级授权和细粒度授权管理，分级实现对用户在应用、工作流和菜单等方面的授权，细粒度授权包括业务对象授权、对象属性授权、对象实例授权等。

3．数据安全

对于一个管理信息系统来说，最珍贵的资源是存储在介质中积累的原始数据和对数据分析形成的知识库等信息，因此对于技术监督管理信息系统的安全来说，数据安全方案必不可少。数据信息是保证电厂正常生产运行的命脉，是整个监督管理信息系统运行的基础，保证数据安全，也是电厂生存和可持续发展的重要保障。技术监督管理信息系统在数据安全方面应重点关注传输安全和存储安全。数据传输安全要确保数据的完整性和保密性，传输过程中不被窃取；存储安全应充分考虑数据和应用的备份和在用户可以容忍的时间内可以恢复。监督数据是系统中的关键业务数据，在系统运行中利用现有的存储备份中心进行数据存储和备份，同时根据数据采集频度制定经济、保险的备份策略。

（三）标准架构

标准化是信息化的前提，在信息化的过程中，只有制定出相应的标准，信息化的道路才会更加通畅和顺利。技术监督管理信息系统的建设是发电企业信息化建设过程的一部分，为了保证系统建设的顺利进行，必须制定出统一的技术标准和功能规范，从而实现企业级系统的集成和应用。技术监督管理信息系统中涉及的标准主要包括数据层、操作层和应用层。

1. 数据层

建立统一的设备编码体系及数据字典规范，对设备类别、关键属性及其表达方式进行统一，作为设备数据字典规范的基础要求，各发电企业根据实际情况在此基础上进行相应扩充；建立数据交换的标准格式，对各类实时信息的接入制定标准的规约，使各类实时信息接入管理信息系统后按照一致的标准进行处理。

2. 操作层

建立数据维护流程规范，对数据维护作业的流程和及时性制定统一标准，以确保基础数据的及时性、准确性和规范性；对设备及业务代码的维护流程进行统一和集中的管理，以保障各类代码的统一和规范。

3. 应用层

建立监督管理业务流程规范，在对监督管理过程中所涉及的业务流程主干节点进行统一规定的同时，允许在一定的范围内运行个性化定制；对监督管理与其他应用的跨业务的流程主干节点也要进行统一规定，同时允许在一定的范围内进行个性化定制。

三、数据库设计

（一）基本概念

1. 数据库

是指长期保存在计算机的存储设备上，并按照某种模型组织起来的、可以被各种用户或应用共享的数据的集合。

2. 数据库管理系统

是指提供各种数据管理服务的计算机软件系统。这种服务包括数据对象定义、数据存储与备份、数据访问与更新、数据统计与分析、数据安全保护、数据库运行管理以及数据库建立和维护等。

3. 数据模型

是指数据库中用来抽象、表示和处理现实世界中的数据和信息的工具，包括网状模型、层次模型、关系模型和面向对象模型，其中关系模型是关系数据库系统采用的数据组织方式，以关系模型为基础的数据库又叫关系数据库。

4. VPN

VPN（Virtual Private Network）即虚拟专用网络的缩写，它通过隧道协议在公用网络（如 Internet）和企业内部局域网之间建立一个临时的、安全的、模拟的点对点连接，就好像是架设了一条专用线路，将位于不同地方的两个或多个企业内部局域网连接在一起，但是它并不需要真正地去铺设光缆之类的物理线路，极大地方便了用户，同时可以为企业节约网络成本。

（二）数据库的建立

一般建立数据库通常采用两种方法：直接采用现成的建立数据库的软件和采用第三方的程序创建数据库。

1. 直接采用现成的建立数据库的软件

目前，使用较多的数据库是 SQL Server，该数据库的操作对象是表对象、查询对象、窗体设计对象、报表对象和模块对象。该软件有着良好的图像用户界面设计，在创建数据表、查询表的内容和属性，建立各数据表间关联和维护数据库上均易于操作，节约成本。

2. 采用第三方的程序创建数据库

目前，很多第三方程序具有创建和管理数据库的功能，可直接代替 SQL Server 等数据库软件来行使数据库模型建设的功能，通过这些建模功能可以确定表中的实体和实体的属性，以及各表中实体与实体之间的联系，在数据库建模时可以自动生成数据库的程序。

（三）概念结构设计

数据库的概念结构设计是建立在需求分析的基础上，根据描述的用户在现实世界中的实际需要，构建抽象的数据信息结构的过程。该过程在数据库的设计中占据着非常重要的地位，由于建立的数据模型独立性和抽象性较强，因此具有很好的稳定性。该过程具有四大优势：

（1）可以客观、真实地反映现实世界中的事物与事物之间的关系，使用户的数据需求得到满足。

（2）便于用户的使用，通过数据模型用户可以更容易理解系统的数据结构、用户是否能参与数据库的设计中，也是衡量系统设计的一个标准。

（3）便于修改，如果用户需求和使用的环境发生改变时，可以较容易地修改数据模型。

（4）方便向其他的数据模型，比如网状、关系、层次模型进行转变。

四、软件功能设计

（一）总体原则

技术监督管理信息系统是将各发电企业、分（子）公司和技术监督服务单位开展技术监督的情况进行系统化管理的服务系统，采用分级和权限管理办法，实现对发电企业技术监督工作进行有效规范和管理。系统总体设计原则包括以下几个方面。

1. 实用性

整体架构应与发电集团技术监督管理的管理体制相适应，最大限度地支持技术监督管理的业务需要，满足集团、分公司、技术中心的业务需要，充分考虑各业务层次、各管理环节的业务需要，从架构上保证实用性和可靠性。

2. 前瞻性

整体架构必须满足集团技术监督管理系统在未来几年的业务需求，支持后续的数据挖掘、分析，协助管理的智能知识库建立等需求。

3. 先进性

考虑业务和信息技术的发展，在架构设计、遵循标准和技术选型上全面体现先进性，在技术上采用业界先进、成熟的软件体系架构和开发技术，在满足当前需求的前提下，兼顾未来的发展趋势。

4. 可扩展性

技术架构可以方便地进行扩展，充分适应集团的业务发展，整体上支持横向和纵向的扩展，系统的业务模块和功能具有良好的可扩展性和可维护性，支持业务模块的动态更新和加载。

5. 开放性

采用业界通用的标准和规范，支持标准开发的接口，便于应用系统的后期建设与维护，方便与其他应用系统的连接和交互。

6. 个性化

不同角色的用户管理需求不一样，关心的内容也不一样，整体架构要能够充分满足集团、分公司等不同角色用户的个性化需求，可以让用户定制门户展现内容，提高用户的管理效率。

7. 可管理性

在集中管理的模式下，为满足各分公司、技术中心的业务需求，系统必须提供通用的定制平台，支持组织架构、角色、菜单、权限等的配置管理功能。

（二）基本功能

1. 监督网络

各发电企业建立健全由生产副总经理或总工程师领导下的各专业监督网，并设立各专业监督专责工程师，开展技术监督工作；确定各级网络成员名单及基本信息（姓名、联系方式、岗位等），定义各级网络成员职责；定期组织召开各专业监督网络会议，并进行记录。

2. 工作计划

主要发布集团公司、分子公司和基层企业的技术监督工作计划，包括检修计划、技改计划、技术监督、检查评价等。

3. 报表管理

企业季报、年报和集团季报、年报。报表由电厂进行填报和审核，分子公司批准。

4. 告警管理

包括告警报告单和告警通知单两部分。告警报告单由基层企业发现的告警问题填写报告单提交分子公司和技术监督中心；告警通知单由分子公司或技术监督中心发现的告警问题填写通知单给基层企业，所有告警问题均由发电企业进行整改后封闭。

5. 问题管理

针对通过技术监督告警、技术监督报表、现场检查评价等渠道发现的问题，应按分子公司、发电企业、专业分类，形成问题（技术监督缺陷）的历史台账，每个企业建立一个台账，并由技术监督中心录入、分析和统计问题整改率，其他单位可查阅。

6. 监督简报

主要包括集团技术监督的季度专业总结、年度总结，技术监督服务单位工作简报，"二十五项反措"评价的报告（不涉密的）。

7. 设备台账

主要功能是采用 KSS 编码形成集团主设备、主要辅机的设备清册。设备信息的数据由设备名录和设备信息组成。技术监督中心负责对设备名录的维护，分子公司和发电企业可以在设备信息栏里面查看由集团公司统一建立的设备名录（设备分类），并且可以按企业、容量、专业、设备编号、设备名称等信息进行基本或者组合查询。

8. 检查评价

通过对评分规则进行设置，采集相应数字报表数据，形成各个分子公司或基层企业的综合排名、专业排名和指标排名，目前评比均按火电企业、水电企业进行。

9. 技术交流

技术咨询服务旨在为各发电企业提供技术咨询的渠道，技术咨询服务单编号自动生成，咨询人与答复人提交内容时自动记录提交时间，可根据需求自定义技术咨询服务流程，可插附件（文字、图片、视频、音频等）。通过该模块设计，加强企业内部专业技术交流，形成的技术咨询库为企业技术人员提供参考。

10. 规章标准

收集电力生产领域国际标准、国家标准/行业标准、企业标准，建立统一标准库。规范发电公司技术监督标准及制度管理，指导企业按照清单做好标准制度建设。发电企业能及时查询到自己需要的最新标准和制度。通过该模块设计，建立健全技术监督各类标准/制度，规范发电企业制度建设，为专业技术人员提供最新国家标准/行业标准，做到技术工作有依据、有支撑。

第三节 工程实践介绍

一、项目背景

（一）研发单位简介

中国电力国际发展有限公司（简称"中国电力"）是国家电力投资集团公司（简称"国家电投"）的核心子公司。中电华创电力技术研究有限公司（简称"中电华创"）是国家电投下属三级单位，是中国电力全资子公司。

中电华创作为中国电力下属的技术中心，于 2015 年起负责中国电力下属发电企业技术监督及服务工作。中国电力下属发电企业众多、分布范围广，既有大量传统煤电机组，也有光伏、风电、垃圾电站、燃气电站等新型发电企业，这些发电企业分布在国内多个省份。

（二）技术监督工作存在的问题

1. 技术监督体系不完善

技术监督网络不规范、岗位职责不明确，各发电企业监督体系设置五花八门，缺乏统一标准体系，导致技术监督管理薄弱。

2. 技术监督检查问题闭环工作不到位

技术监督重点问题整改率较低，导致部分机组处于带病运行状态。

3. 定期工作、报表不完善

定期工作项目不一致、周期不一致、执行情况不一致导致工作效率较低；报表设置不一致、数据不客观，无法真实体现机组的健康状况和经济运行状况。

4. 标准制度、报告等基础技术资料不完善

缺少技术监督工作过程中的标准依据、相关设备及系统重要信息、重要工作记录等。

5. 技术监督重视程度不足，对监督工作缺乏敬畏感

专业人员对技术监督工作认识存在下滑趋势，无法适应新形势下技术监督工作管理要求。

6. 领导、员工流动性强

技术监督网络成员频繁变动，工作交接时往往出现断档期，接替者不能第一时间掌握技术监督工作现状。

7. 技术监督培训工作欠缺

缺乏技术监督培训环节，导致监督网络成员技能水平不能满足新阶段技术监督工作

需要。

8. 缺少交流、咨询的平台

资源无法共享、技术成果不能有效借鉴，不利于营造良好的学习交流氛围，良好实践得不到推广普及。

二、系统需求

（一）三级技术监督管控体系需求

建立中国电力、中电华创、各发电企业的三级技术监督管控体系。中电华创全面承接中国电力技术监督管理工作，指导各发电公司日常技术监督开展工作，实现技术监督评价工作由"突击检查模式"向"日常评价模式"转变，及时发现、及时整改、及时总结、及时反馈。

（二）技术监督信息化需求

依靠信息化手段，实现技术监督工作规范化、流程化、统一化。功能模块基本覆盖技术监督管理各个环节，为精细化开展技术监督工作提供有力保证。同时，系统通过对历年技术监督检查问题的大数据分析，对问题进行多维度分析与管控。

（三）技术指标科学统计需求

在技术监督管理平台的基础上，通过互联网实现 SIS 数据实时共享，实现技术监督指标自动统计功能，实现技术监督指标的科学统计，使得技术监督指标更具客观性、实时性，减少人工统计工作，提高工作效率。

（四）生产数据实时预警需求

以生产实时数据为基础进行报警、预警，通过数据中心大量现场实时参数，经过精确计算分析，将满足设定条件的预警信息及时、准确地通过技术监督系统平台显示，对影响机组安全稳定运行的技术监督指标（或参数）进行重点关注，提升机组可靠性，降低机组的非计划停机次数。

（五）应用场景便捷需求

开发手机 App 及短信推送功能，突出互动性、及时性；方便专业人员在工作现场、办公室等各种工作场合应用，提高平台应用覆盖度，并对重要预警进行短信推送，避免重大事故的发生。

三、系统设计

通过对于系统功能需求的分析，将技术监督管理系统分为两个阶段进行开发。

（一）管理功能设计

第一阶段根据实际需要，将系统分为多个模块进行开发，包括报表管理、指标管理、预（告）警、定期工作、异常项、仪表检定、二十五项反措、问题评价、技术咨询、监督网络、设备信息、计划总结、资质管理、良好实践、经验反馈、标准/制度、中电电力期刊、专家库 18 个功能模块，将《国家电投技术监督实施细则》内容固化到各个模块功能当中，实现技术监督工作规范化、流程化、统一化。18 个功能模块基本覆盖技术监督管理各个环节，为精细化开展技术监督工作提供有力保证。通过合理设置各模块的管理流程，实现"事找人"的人员岗位和职责相匹配。如图 9－1 为问题归集管理流程。

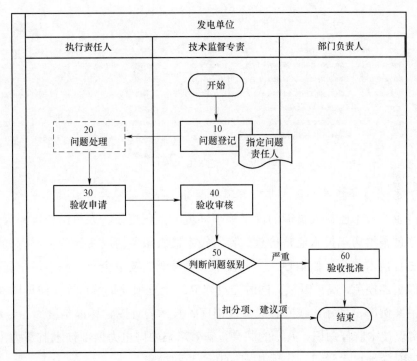

图 9－1　问题归集管理流程

（二）大数据功能应用

第二阶段通过与基于实时数据库的 SIS 等系统进行数据共享，开发技术监督指标自动统计功能，实现技术监督指标的科学统计，使得技术监督指标更具客观性、实时性，减少人为因素影响；以实时参数为基础，经过精确计算，重点预警影响机组安全稳定运行的技术监督指标（或参数），全面提升机组可靠性，指导各级专业人员深度开展技术监督工作。

四、实施效果

（一）搭建三个平台，全面掌握生产信息

1. 搭建发电公司技术监督工作统一平台

各发电企业利用这个平台开展各类技术监督工作，各级专业人员可以更好地了解所辖专业的工作进度及需要按照流程完成的工作。包括报表管理、仪表检定、异常处理、检查问题处理、计划总结等。实现对发电公司各项技术监督工作的流程可控和安全管控。

同时，利用管理系统，统一规范、统一标准，避免工作标准误读，定期工作、月报报表执行不统一等现象发生，实现对发电公司各项技术监督工作的流程可控和安全管控。定期工作项目见图9-2。

单位：中电华创		专业：热工			类别：请选择...			状态：请选择...		
编号：请输入编号		项目名称：请输入项目名称			时间从：2019-08			到：2019-09		
周期：请选择...										

单据   监控   导出

	编号	单位	专业	项目名称	类别	机组	设备	周期	上次执行时间	剩余天数	状态	报告类型	是否延期报告
☐	DQGZ1904323	大别山发电	热工	主要热工检测参数测量系统的定期抽检	二类	#1,#2		2019年9月	2019-08-28	8	已计划	机组	否
☐	DQGZ1904286	常熟发电	热工	主要热工检测参数测量系统的定期抽检	三类	#1,#2,#3,#4,#5,#6		2019年9月	2019-08-19		已完成	机组	否
☐	DQGZ1904264	平圩发电	热工	主要热工检测参数测量系统的定期抽检	二类	#1,#2,#3,#4,#5,#6		2019年9月	2019-08-26	8	已计划	机组	否
☐	DQGZ1904238	庙丘热电	热工	主要热工检测参数测量系统的定期抽检	一类	#1,#2		2019年9月	2019-08-01		已完成	机组	否
☐	DQGZ1904229	姚孟发电	热工	主要热工检测参数测量系统的定期抽检	二类	#2,#3,#4,#5,#6		2019年9月	2019-08-21	8	已计划	机组	否
☐	DQGZ1904190	常熟发电	热工	1~6号机组飞灰含碳表计定期校验	三类	#1,#2,#3,#4,#5,#6		2019年9月	2019-08-23	8	已计划	机组	否

图9-2　定期工作项目

2. 搭建技术监督指导、技术监督管理与服务、技术信息和资源共享平台

各发电企业技术监督人员能力由于地理环境、企业规模、人员结构等原因，均有差异。中电华创根据历年技术监督检查、日常技术监督服务情况统计分析，有针对性对各发电企业进行技术监督工作指导，弥补技术力量偏弱的发电企业资源不足，促进各项技术监督工作更加规范、高效开展。同时通过建立二十五项反措解析库（详见图9-3）、二十五项反措案例库、良好实践库、经验反馈库、技术咨询库、标准制度库、专家库7大资源库，实现技术监督知识、人才的共享，有效增强中国电力内部技术监督力量的整合，技术人员随时随地自由学习，实现共同提升、共同进步。

图9-3　二十五项反措解析库

3. 搭建发电企业生产技术人员培训、交流平台

建立了开放式、互动式的技术交流及知识分享互动平台。在各类知识库、《中电电力》

在线期刊等功能模块设计中，广大技术人员不仅能分享知识案例，聆听技术人员对难点问题的解答，而且还能查阅各类标准、技术文献，提高解决问题的能力，营造良好的学习氛围。内部论文期刊《中电电力》详见图9-4。

图9-4 内部论文期刊《中电电力》

（二）实现五大功能，促进管理水平提高

通过该成果的实施，促进了员工思想和工作方式的转变，全面提升了中国电力技术监督管理水平，降低了管理成本。实现了管理方式从依托经验的粗放型管理向依托标准、数据的精细型管理转变。通过管理平台实现各项数据及时、准确上报，技术监督工作从感性上升到理性，监督管理从"人找事"转为"事找人"，具体表现如下。

1. 实现技术监督工作规范化

管理系统严格按照行业标准、国家电投技术监督管理规定指导工作，实现监督体系、定期工作、监督报表、监督计划、标准制度、设备信息等全面规范统一。

2. 实现技术监督工作流程化

管理系统设置各类流程，规范报表、定期工作、计划总结、仪表检定、问题整改等工作，保证技术监督工作有序进行。

3. 实现技术监督问题处理责任化

技术监督工作自动推送、设置责任人，做到事找人。

4. 实现技术监督工作信息化

依靠信息化手段，实现各类指标实时显示、自动统计；各类流程自动推送、自动提醒；建立各类案例库等，进一步提高工作效率。

5. 实现技术监督评价常态化

管理系统具有技术监督动态评价功能，使技术监督管理及检查工作向常态化模式转变，评价结果更客观、更科学。

（三）效果与效益

1. 机组运行可靠性大幅提升，保证了发电机组安全稳定运行

2018年中国电力全面应用推广该管理成果，并开展安全生产精细化管理工作。专业人员通过数据监测、定期工作并结合管理平台全面信息等多种方式掌握设备的状态，发现设备存在的问题，将设备问题在演变为缺陷之前提前消除，起到了缺陷超前控制的作用。

中国电力下属发电企业定期工作完成率由2017年的78%提升至现在的90%以上，问题整改率由2017年的80%提升至现在的88%以上，仪器按期定检率、月报上报及时率均大幅度提高。2018年中国电力全面推广该成果，并开展安全生产精细化管理工作，机组非停事故较去年同期下降约90%。

2. 经济效益显著

利用统一的信息化平台进行数据发布、传输和存储，各级管理人员可以实时跟踪项目实施情况，发现问题及时协调处理，提高工作效率；同时，还可以减少书面文档过多带来的资源浪费。

通过技术监督评价由集中检查向日常化转变，缩短了年度技术监督动态检查的时间，平均减少1.5天/厂，节省人工成本约8万元/厂；以机组一次非计划停机损失200万元计算（包括因非计划停机造成的电量损失），2018年全年减少10次，挽回较多的经济损失；机组运行可靠性的提升，减少了机组频繁启动造成的环保问题，保障国民正常生产秩序，产生的间接经济效益不可估算。

第四节　新业态下技术监督管理工作展望

近年，我国电源结构持续调整、优化，可再生能源加快发展，消纳水平持续改善。2021年，全国全口径火电装机容量为13.0亿kW，其中，煤电11.1亿kW，同比增长2.8%，占总发电装机容量的比重为46.7%，同比降低2.3个百分点。水电、风电、光伏发电装机均突破3亿kW，水电装机容量为3.9亿kW（常规水电为3.5亿kW，抽水蓄能为3639万kW）；风电装机容量为3.3亿kW（陆上风电3.0亿kW，海上2639万kW）；太阳能发电装机容量为3.1亿kW（集中式2.0亿kW，分布式1.1亿kW，光热57万kW）。新能源在电力系统中的地位已发生变化，正在向电能增量主力供应者过渡。预计"十四五"期间新能源仍将继续快速发展，装机和发电量占比仍将持续提高。以煤为主的能源体系向清洁能源转型，风电、光电等间歇式电源逐渐占据新增电源的主要部分，系统调峰需求日益增加。如何让技术监督工作适应国家政策及行业发展要求，促进节能、环保、绿

色及荷网源协调发展是一项重要的研究内容。我国能源发展已进入了新时期，技术监督工作需要不断地变革创新、与时俱进，建立新能源为主体的技术监督服务体系。

（一）技术监督标准新体系

在未来高比例可再生能源接入的背景下，新能源、新能源+储能、火储联合调频、负荷侧储能等新业态将大力发展。如何通过技术监督工作提高设备的质量、性能，确保长期运行的可靠性、经济性和环保性，技术监督标准体系建设是基础，必须先行。

结合当前技术发展和实际应用，建议在以下方面开展工作。

（1）持续完善标准体系。根据新技术的发展和新形势下的应用需求，滚动修订相关标准体系，以期更好地指导新能源领域标准制定、修订工作。

（2）加强重点领域标准编制。重点关注储能电站安全、梯次利用、预制舱式储能等标准的编制，加快储能电站设计标准修订步伐；完善储能并网测试类标准，兼顾其他形式储能技术发展，逐步有序开展压缩空气储能、飞轮储能、氢储能等标准的制定工作。

（3）加快推进标准应用。持续推进标准宣贯，应用方、厂家、科研院所都应广泛参与。注重标准实施反馈，通过标准实施找到标准中的不足，以期更好地提高标准制定、修订工作的针对性。

（二）评价体系

新形势下技术监督评价体系应该实现以下目标：引导发电集团积极响应政府最新的电源政策，确保实现环保、节能和荷网源协调发展的电能绿色目标。

技术监督评价新体系主要包含技术监督评价体系文件的编制和评价的量化，将新形势下各类发电能源类型一起纳入监督体系，指导电源侧实现环保、节能和荷网源协调发展的电能绿色目标。重点应考虑国家最新的能源政策，环保相关法律、法规，绿色电能管理要求等，并将技术监督工作进行相应的升级和转变，再结合传统技术监督工作的特点进行创新。

参 考 文 献

［1］ 国家能源局．DL/T 274—2012 ±800kV 高压直流设备交接试验［S］．北京：中国电力出版社，2012.

［2］ 中华人民共和国国家市场监督管理总局，中国国家标准化管理委员会．GB/T 17468—2019 电力变压器选用导则［S］．北京：中国标准出版社，2019.

［3］ 中华人民共和国国家质量监督检验检疫总局，中国国家标准化管理委员会．GB/T 1094.3—2017 电力变压器 第 3 部分：绝缘水平、绝缘试验和外绝缘空气间隙［S］．北京：中国标准出版社，2018.

［4］ 中华人民共和国国家质量监督检验检疫总局，中国国家标准化管理委员会．GB/T 1094.4—2005 电力变压器 第 4 部分：电力变压器和电抗器的雷电冲击和操作冲击试验导则［S］．北京：中国标准出版社，2006.

［5］ 中华人民共和国住房和城乡建设部．GB 50835—2013 1000kV 电力变压器、油浸电抗器、互感器施工及验收规范［S］．北京：中国计划出版社，2013.

［6］ 中华人民共和国住房和城乡建设部．GB/T 50832—2013 1000kV 系统电气装置安装工程电气设备交接试验标准［S］．北京：中国计划出版社，2013.

［7］ 国家市场监督管理总局，国家标准化管理委员会．GB/T 24846—2018 1000kV 交流电气设备预防性试验规程［S］．北京：中国标准出版社，2018.

［8］ 国家能源局．DL/T 5292—2013 1000kV 交流输变电工程系统调试规程［S］．北京：中国电力出版社，2013.

［9］ 国家能源局．DL/T 617—2019 气体绝缘金属封闭开关设备技术条件［S］．北京：中国电力出版社，2020.

［10］ 国家能源局．DL/T 1180—2012 1000kV 电气设备监造导则［S］．北京：中国电力出版社，2012.

［11］ 国家能源局．DL/T 5445—2010 电力工程施工测量技术规范［S］．北京：中国计划出版社，2010.

［12］ 国家能源局．DL/T 377—2010 高压直流设备验收试验［S］．北京：中国电力出版社，2010.

［13］ 国家能源局．DL/T 728—2013 气体绝缘金属封闭开关设备选用导则［S］．北京：中国电力出版社，2014.

［14］ 中华人民共和国住房和城乡建设部，国家质量监督检验检疫总．GB 50147—2010 电气装置安装工程 高压电器施工及验收规范［S］．中国计划出版社，2010.

［15］ 国家能源局．DL/T 1051—2019 电力技术监督导则［S］．北京：中国电力出版社，2019.

［16］ 国家能源局．NB/T 10110—2018 风力发电场技术监督导则［S］．北京：中国电力出版社，2019.

［17］ 国家能源局．NB/T 10113—2018 光伏发电站技术监督导则［S］．北京：中国电力出版社，2019.

［18］ 国家能源局．DL/T 1054—2021 高压电气设备绝缘技术监督规程［S］．北京：中国电力出版社，2021.

［19］ 中华人民共和国国家发展和改革委员会. DL/T 1049—2007 发电机励磁系统技术监督规程［S］. 北京：中国电力出版社，2007.

［20］ 国家能源局. DL/T 1199—2013 电测技术监督规程［S］. 北京：中国电力出版社，2013.

［21］ 国家能源局. DL/T 1053—2017 电能质量技术监督规程［S］. 北京：中国电力出版社，2017.

［22］ 国家能源局. DL/T 1055—2021 火力发电厂汽轮机技术监督导则［S］. 北京：中国电力出版社，2022.

［23］ 国家能源局. DL/T 338—2010 并网运行汽轮机调节系统技术监督导则［S］. 北京：中国电力出版社，2011.

［24］ 国家能源局. DL/T 2052—2019 火力发电厂锅炉技术监督规程［S］. 北京：中国电力出版社，2020.

［25］ 国家能源局. DL/T 1056—2019 发电厂热工仪表及控制系统技术监督导则［S］. 北京：中国电力出版社，2019.

［26］ 国家能源局. DL/T 246—2015 化学监督导则［S］. 北京：中国电力出版社，2015.

［27］ 国家能源局. DL/T 1052—2016 电力节能技术监督导则［S］. 北京：中国电力出版社，2017.

［28］ 国家能源局. DL/T 1050—2016 电力环境保护技术监督导则［S］. 北京：中国电力出版社，2016.

［29］ 国家能源局. DL/T 1477—2015 火力发电厂脱硫装置技术监督导则［S］. 北京：中国电力出版社，2015.

［30］ 国家能源局. DL/T 1655—2016 火电厂烟气脱硝装置技术监督导则［S］. 北京：中国电力出版社，2017.

［31］ 国家能源局. DL/T 438—2016 火力发电厂金属技术监督规程［S］. 北京：中国电力出版社，2016.

［32］ 国家能源局. DL/T 939—2016 火力发电厂锅炉受热面管监督技术导则［S］. 北京：中国电力出版社，2016.

［33］ 国家能源局. DL/T 612—2017 电力行业锅炉压力容器安全监督规程［S］. 北京：中国电力出版社，2018.

［34］ 国家电网公司. Q/GDW 11074—2013 交流高压开关设备技术监督导则［S］. 北京：中国电力出版社，2013.

［35］ 国家电力投资集团. 火电技术监督管理办法.

［36］ 国家电力投资集团. 水电站技术监督管理办法.

［37］ 国家电力投资集团. 风力发电场技术监督规程.

［38］ 国家电力投资集团. 光伏电站技术监督规程.

［39］ 国家电力投资集团. 国家电投集团火电企业技术监督实施细则和评估标准.

［40］ 国家电力投资集团. 火电工程建设技术监督导则.

［41］ 中国华能集团公司. 光伏发电站技术监督标准汇编［M］. 北京：中国电力出版社，2016.

［42］ 中国华能集团公司. 风力发电场技术监督标准汇编［M］. 北京：中国电力出版社，2013.

［43］ 中国华能集团公司. 联合循环发电厂技术监督标准汇编［M］. 北京：中国电力出版社，2016.

［44］ 国家能源投资集团有限责任公司. 电力产业技术监督管理办法.

［45］国家能源投资集团有限责任公司．火电产业技术监督管理办法．

［46］国家能源投资集团有限责任公司．GN/HDSJ 100—2019　火电产业技术监督实施细则．

［47］中国大唐集团有限公司．发电企业技术监控管理办法．

［48］中国华电集团有限公司．发电企业技术监督管理办法．

［49］国家电网公司有限公司．国家电网有限公司十八项电网重大反事故措施（2018 修订版）及编制
　　　说明．北京：中国电力出版社，2018．

［50］中国南方电网有限责任公司．技术监督管理办法．